高等职业教育项目课程改革规划教材

JSP 网站开发

孟 洁 编著

机械工业出版社

本书采用项目式结构的编写方式,由两个项目组成。项目一是一个典型的企业展示类网站,项目二是企业 B2C 交易平台。读者通过两个项目的实践学习,基本可以掌握整个 JSP 的核心技术,包括指令、脚本、自定义标签、服务器内置对象、Servlet、MVC 设计模式等。两个项目相对独立,读者可以按自身水平及需要分开研习。

本书除了提供典型的案例代码,在项目实施中也注重为读者探究式的学习留有余地,让读者不仅能掌握 JSP 技术,更能掌握学习技术的方法。

本书适合作为高职院校、技工院校、职业教育机构的网站开发类相关课程的教材。

为方便教学,本书配备电子课件等教学资源。凡选用本书作为教材的教师均可登录机械工业出版社教材服务网 www.cmpedu.com 免费下载。如有问题请致信 cmpgaozhi@sina.com,或致电 010-88379375 联系营销人员。

图书在版编目(CIP)数据

JSP 网站开发/孟洁编著. —北京:机械工业出版社,2014.3
高等职业教育项目课程改革规划教材
ISBN 978-7-111-44979-9

Ⅰ. ①J… Ⅱ. ①孟… Ⅲ. ①JAVA 语言—网页制作工具—高等职业教育—教材 Ⅳ. ①TP312 ②TP393.092

中国版本图书馆 CIP 数据核字(2013)第 288669 号

机械工业出版社(北京市百万庄大街22号 邮政编码100037)
策划编辑:刘子峰 责任编辑:刘子峰
版式设计:常天培 责任校对:王 欣
封面设计:鞠 杨 责任印制:李 洋
三河市宏达印刷有限公司印刷
2014 年 1 月第 1 版第 1 次印刷
184mm×260mm·12.5 印张·303 千字
0001—3000 册
标准书号:ISBN 978-7-111-44979-9
定价:26.00 元

高等职业教育项目课程改革规划教材编审

委　员　会

序

中国的职业教育正在经历课程改革的重要阶段。传统的学科型课程被彻底解构，以岗位实际工作能力的培养为导向的课程正在逐步建构起来。在这一转型过程中，出现了两种看似很接近，而实际上却存在重大理论基础差别的课程模式，即任务驱动型课程和项目化课程。二者表面上很接近，是因为它们都强调以岗位实际工作内容为课程内容。国际上已就如何获得岗位实际工作内容取得了完全相同的基本认识，那就是以任务分析为方法。这可能是二者最为接近之处，也是人们容易混淆二者关系的关键所在。

然而极少有人意识到，岗位上实际存在两种任务，即概括的任务和具体的任务。例如对商务专业而言，联系客户是概括的任务，而联系某个特定业务的特定客户则是具体的任务。工业类专业同样存在这一明显区分，如汽车专业判断发动机故障是概括的任务，而判断一辆特定汽车的发动机故障则是具体的任务。当然，许多有见识的课程专家还是敏锐地觉察到了这一区别，如我国的姜大源教授使用了写意的任务和写实的任务这两个概念。美国也有课程专家意识到了这一区别并为之困惑。他们提出的问题是："我们强调教给学生任务，可现实中的任务是非常具体的，我们该教给学生哪些任务呢？显然我们是没有时间教给他们所有具体任务的。"

意识到存在这两种类型的任务是职业教育课程研究的巨大进步，而对这一问题的有效处理，将大大推进以岗位实际工作能力的培养为导向的课程模式在职业院校的实施，项目课程就是为解决这一矛盾而产生的课程理论。姜大源教授主张在课程设计中区分两个概念，即课程内容和教学载体。课程内容即要教给学生的知识、技能和态度，它们是形成职业能力的条件（不是职业能力本身），课程内容的获得要以概括的任务为分析对象。教学载体即学习课程内容的具体依托，它要解决的问题是如何在具体活动中实现知识、技能和态度向职业能力的转化。它的获得要以具体的任务为分析对象。实现课程内容和教学载体的有机统一，就是项目课程设计的关键环节。

这套教材设计的理论基础就是项目课程。教材是课程的重要构成要素。作为一门完整的课程，我们需要课程标准、授课方案、教学资源和评价方案等，但教材是其中非常重要的构成要素。它是连接课程理念与教学行为的重要桥梁，是综合体现各种课程要素的教学工具。一本好的教材既要体现课程标准，又要为寻找所需教学资源提供清晰索引，还要有效地引导学生对教材进行学习和评价。可见，教材开发是项非常复杂的工程，对项目课程的教材开发来说更是如此，因为它没有成熟的模式可循，即使在国外我们也几乎找不到成熟的项目课程教材。除这些困难外，项目教材的开发还担负着一项艰巨任务，那就是如何实现教材内容的突破，如何把现实中非常实用的工作知识有机地组织到教材中去。

这套教材在以上这些方面都进行了谨慎而又积极的尝试，其开发经历了一个较长的过程（约4年时间）。首先，教材开发者们组织企业的专家，以专业为单位对相应职业岗位上的工作任务与职业能力进行了细致而有逻辑的分析，并以此为基础重新进行了课程设置，撰写了专业教学标准，以使课程结构与工作结构更好地吻合，最大限度地实现职业能力的培养。其次，教材开发者们以每门课程为单位，进行了课程标准与教学方案的开发，在这一环节中尤其突出了教学载体的选择和课程内容的重构。教学载体的选择要求具有典型性，符合课程目标要求，并体现该门课程的学习逻辑。课程内容则要求真正描绘出实施项目所需要的专业知识，尤其是现实中的工作知识。在取得以上课程开发基础研究的完整成果后，教材开发者们才着手进行了这套教材的编写。

经过模式定型、初稿、试用和定稿等一系列复杂阶段，这套教材终于得以诞生。它的诞生是目前我国项目课程改革中的重要事件。因为它很好地体现了项目课程思想，无论在结构还是内容方面都达到了高质量教材的要求。它所覆盖专业之广，涉及课程之多，在以往类似教材中少见，其系统性将极大地方便教师对项目课程的实施；对其开发遵循了以课程研究为先导的教材开发范式。对一个国家而言，一个专业、一门课程，其教材建设水平其实体现的是课程研究水平，而最终又要直接影响其教育和教学水平。

当然，这套教材也不是十全十美的，我想教材开发者们也会认同这一点。来美国之前我就抱有一个强烈的愿望，希望看看美国的职业教育教材是什么样子。在美国确实有许多优秀教材，尤其是普通教育的教材，设计得非常严密，其考虑之精细令人赞叹，但职业教育教材却往往只是一些参考书。美国教授对传统职业教育教材也多有批评，有教授认为这种教材只是信息的堆砌，而非真正的教材。真正的教材应体现教与学的过程。如此看来，职业教育教材建设是全球所面临的共同任务。这套教材的开发者们一定会继续为圆满完成这一任务而努力，因此他们也一定会欢迎老师和同学对教材的不足之处不吝赐教。

徐国庆

2010 年 9 月 25 日于美国俄亥俄州立大学

前　言

随着 21 世纪信息时代的全面到来，信息技术已广泛应用于人们的生产和生活中，特别是商业活动越来越多地依赖互联网的发展，网站为企业展示信息并成为提供交易的平台。

JSP 是一种动态技术标准，自推出后，受到众多 IT 公司的追捧与支持，并迅速成为商业应用的服务器端语言。依托 Java 技术背景，JSP 迅速成为动态网站开发技术的首选。为此，本书的作者以企业网站的真实项目案例为背景，通过典型的任务分析与实践，全面介绍了 JSP 的相关知识，力求让读者迅速掌握 JSP 技术框架。

本书采用项目式结构的编写方式，由以下两个项目组成：

项目一是一个典型的企业展示类网站，要完成多个相对简单的任务，任务的设置主要以 JSP 知识结构为主线，重点是在任务中学习技术。项目中各任务实施的关键部分留有代码空行，要求读者根据任务分析部分的相关内容自习完成。

项目二是企业 B2C 交易平台，是一个综合类的网站开发项目，涵盖的任务繁多，任务按照实际网站开发的模块来设置，重点是在任务中使用所学技术。本书中仅完成了各任务的需求分析，而具体的编码任务要求读者根据需求自行完成。

通过两个项目的实践与学习，读者基本可以掌握整个 JSP 的核心技术，包括指令、脚本、自定义标签、服务器内置对象、Servlet、MVC 设计模式等。

本书除了提供典型的案例代码，也会在项目实施中为读者探究式的学习留有余地。这样的内容设计，让本书既是一本帮助教师实施教学的教材，也是一本让学生可以充分发挥自主学习特点的工具书。本书项目二的完整程序代码及配套电子课件等资源可在机械工业出版社教材服务网 www.cmpedu.com 免费下载。

由于作者水平有限，书中错误及不足之处在所难免，恳请广大读者批评指正。

编　者

目　　录

项目一

绿吧旅游用品公司
企业门户网站开发

任务一　网站项目分析与总体设计

 ## 项目描述

绿吧旅游用品公司是一家专营户外旅游、休闲产品的企业，该公司提供的主要产品有冲锋衣裤、速干衣、polo 衫、徒步鞋和溯溪鞋；登山包、徒步包和休闲包；帐篷、睡袋、便携式餐具和折叠桌椅等。

面对电子商务的蓬勃发展，该企业结合自身产品的特点和资源，制定了相关的发展战略。其中非常重要的一个举措，就是建立一个企业门户网站。在网络时代，企业的网站就是网络中的名片，公司希望借助这个网络名片，提升企业的知名度，宣传企业的产品，与用户之间建立更加密切的互动关系。

 ## 任务描述

本次任务，需要充分了解企业的建站需求，能合理地设置网站的功能模块，绘制网站结构图、界面草图，并在此基础上设计相关的数据库系统。

 ## 任务分析与相关知识

1. 网站开发技术的选择

目前比较流行的网站开发技术有 PHP、JSP 和.NET。表 1-1-1 对这三种技术进行了比较。

表 1-1-1　技术路线比较

技术路线	适应企业	成　本	语言基础	服务器选择	特　征
PHP	中小企业	低	C	Apache	高效、低成本地开发灵活的中小型企业网站
JSP	大型企业	高	Java	Apache	开发分布式、安全的大型企业级应用平台
.NET	大型企业	高	C#	IIS	开发集成性的、分布式的并基于微软产品的企业级应用平台

本项目选择 JSP 技术实现网页的动态功能，选择 MySQL 作为后台的数据库管理系统，需要完成如下软件的安装和环境的配置：

1）MyEclipse（集成 Web 服务器）。可以到网络中搜索最新的版本，下载之后，按照安装向导的提示，全部采用默认配置，直接安装即可。本书中使用的是 MyEclipse 7.5，目前来看，最新的版本与本书使用的版本的基本功能和界面差别不是特别大，学习者可以适应。

2）MySQL 数据库服务器。到 MySQL 的官方网站 http://www.mysql.com/downloads/，选择"MySQL Community Server"版本进行下载即可。

下载之后，直接安装，出现如图 1-1-1 所示的安装向导界面。

连续单击几次"Next"按钮之后，就可以完成安装。在安装过程中大部分的页面都可以采用默认设置，其中密码设置页面如图 1-1-2 所示，MySQL 的默认系统用户是 root。

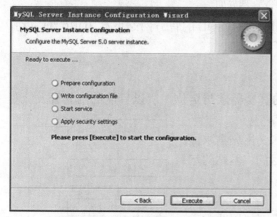

图 1-1-1　安装向导界面

图 1-1-2　密码设置界面

这里需要特别说明的是，在安装过程中如果在如图 1-1-3 所示的界面中选择了"Lanch the MySQL Server automatically"，就表示每次开机之后，都会自动启动 MySQL 服务器，当然也可以在"管理工具"的"服务"项中手动启动、停止或重启该数据库服务器，特别是当数据库运行出现异常，可以按照如图 1-1-4 与图 1-1-5 所示进入 MySQL 的服务管理界面，对该服务进行手工管理。

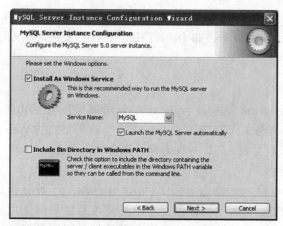

图 1-1-3　服务启动设置界面

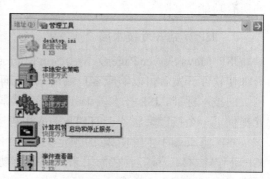

图 1-1-4　管理工具界面

图 1-1-5　服务管理界面

3）访问 MySQL 数据库的 JDBC API。可以在 MySQL 的官方网站下载 JDBC 的驱动，该文件不用安装，只要解压缩之后就可以用了。

2．网站开发的流程

网站开发最重要的就是清晰地了解用户的真实需求与定位，所以目前的网站开发流程如图 1-1-6 所示。

第一步：与需求方的沟通。与网站的使用者、网站需求提出者召开多方会议，充分、完整地了解建站的目的、网站的定位与功能上的需求。

第二步：建立网站原型。根据网站的需求，绘制网站的基本架构图（网站的原型），即界面草图。网站原型能用非常直观的方式反映出网站的需求是否满足。这个环节可以与需求方进行更具体的沟通与交流，从而获取最贴近用户需求的网站原型。一旦网站原型确定下来，网站的开发工作就水到渠成了。

第三步：网站美工设计。结合原型的设计，完成网页美工设计。

第四步：网站前台设计。将网站美工设计转换为 HTML 静态页面。

第五步：网站后台开发。采用适当的后台开发技术，如 JSP、PHP 和.NET 来实现网站的所有功能。

图 1-1-6　网站开发基本流程

3．JSP 网站开发技术简介

JSP（Java Server Pages）是由 Sun Microsystems 公司倡导的，许多公司参与共同创建的一种使软件开发者可以响应客户端请求，从而动态生成 HTML、XML 或其他格式文档的 Web 网页的技术标准。JSP 技术以 Java 语言作为脚本语言，JSP 网页为整个服务器端的 Java 库单元提供了一个接口来服务于 HTTP 的应用程序。

JSP 使 Java 代码和特定的预定义动作可以嵌入到静态页面中。JSP 句法增加了被称为 JSP 动作的 XML 标签，它们用来调用内建功能。另外，可以创建 JSP 标签库，然后像使用标准 HTML 或 XML 标签一样来使用它们。标签库提供了一种和平台无关的扩展服务器性能的方法。

JSP 编译器可以把 JSP 编译成 Java 代码写的 Servlet，然后再由 Java 编译器编译成机器码，也可以直接编译成二进制码。

简单地说，JSP 的主要语法包含如下内容：

1）脚本语法。一个 JSP 页面最简单的结构如下所示。

```
<%@ page contentType="text/html; charset=utf-8" %>
<%
out.println("你好！世界");
%>
```

其中，<%...%>是 JSP 脚本最显著的外形特征，JSP 的注释、指令和脚本元素都被包含在其中。

2）Servlet 应用。Servlet 是位于 Web 服务器端专门用来处理用户请求的小应用程序。它从本质上看就是一个具有特殊功能的类，它的实现需要遵循一定的规范。

3）Web 容器提供的内置对象。当使用 JSP 脚本或者是 Servlet 小应用程序处理 Web 请求的时候，需要能够和用户进行一些信息的交互，而 JSP 项目是在 Web 服务器提供的 Web 容器中运行的，这个 Web 容器提供一系列默认对象便于 JSP 记录和处理网页之间传递的信息。常用的内置对象有 request、response、session、out、pageContext 等。

4）组件技术。由于 Java 本身就是面向对象的程序设计语言，对于 JSP 来说，它的组件就是 Java 类，所以 JSP 能使用各种具有特定功能的类来轻松实现功能的扩展，例如 JavaBean 就是一种用来实现功能重用的组件技术。一个 JavaBean 通常由属性方法、业务方法构成。偏重描述实体属性的 JavaBean 是数据模型类，偏重描述实体的业务行为的 JavaBean 就是业务逻辑操作类。

5）标签技术。网页是由标签构成的。我们熟悉的是 HTML 的标签，例如...、<body>...</body>、
等。而 JSP 标签技术是在 HTML 标签的基础上扩充更多的与服务器可以交互的标签。JSP 支持两种扩展标签：一种是由 Sun 公司开发的被 Web 服务器普遍支持的标准标签；另一种是由用户自己开发和定义的用于特定项目的用户自定义标签。

任务实施

1. 确定绿吧企业门户网站的基本模块

该网站的模块如图 1-1-7 所示。

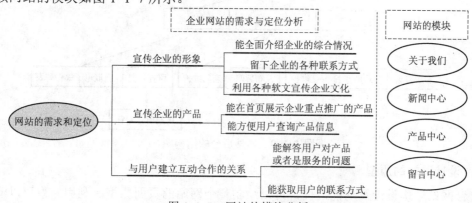

图 1-1-7　网站的模块分析

结合绿吧企业网站的定位，可以确定该网站必须具备四大模块及首页应该包含的核心功能，见表 1-1-2。

表 1-1-2 网站的基本模块及其功能

模　块	主　要　功　能
首页	1. 在主要的位置能看到公司的最新产品或者是企业需要重点推广的产品信息 2. 提供商品搜索的功能，能让用户直接搜索到感兴趣的产品 3. 在主要位置能看到企业的重要新闻 4. 提供导航功能，能进入各级子模块
关于我们	提供企业图文介绍及详尽的联系方式
产品中心	1. 提供方便的分类浏览商品的方式 2. 能查看一件商品的详细信息 3. 能让浏览者针对某件产品直接留言
新闻中心	1. 提供方便的分类浏览新闻的方式 2. 能查看单篇新闻
留言中心	1. 能让浏览者在线留言（提供 email 地址） 2. 能让浏览者查看到所有留言及其回复

2．绘制网站的基本结构图

结合网站的模块分析，可以确定网站的基本结构如图 1-1-8 和图 1-1-9 所示。

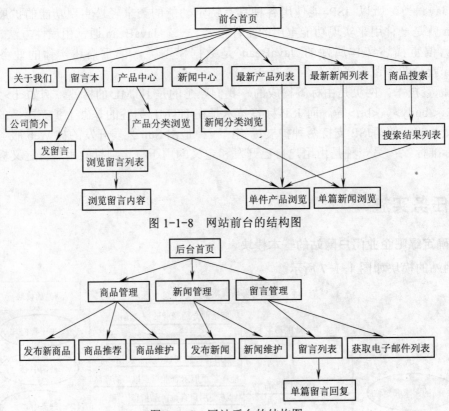

图 1-1-8 网站前台的结构图

图 1-1-9 网站后台的结构图

3．设计网站的原型

结合网站结构设计及功能定位，可以绘制整个网站的页面原型，利用原型可以清晰地展示网站的结构、流程，便于企业需求方全面了解网站的设计思路，也能尽早地暴露设计的缺陷和不足，便于网站设计人员在早期就能按照新的需求修改和改进网站的设计。

　　原型设计工具有很多种，例如 Word、Visio、Photoshop 和 Powerpoint 等，但是目前比较流行的工具是 Axure。该工具的试用版本可以直接从网上下载。本书的网页原型就是使用该工具绘制的。

　　1）前台首页原型（图 1-1-10）。首页提供了到"关于我们"、"产品中心"、"新闻中心"和"留言中心"四个模块的链接，在首页的主要区域的左边是公司最新产品及重点推荐的产品展示区域，右边是公司最新发布的新闻。

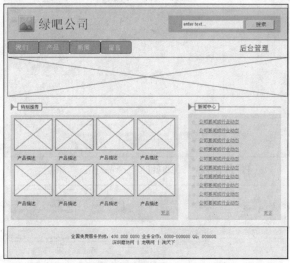

图 1-1-10　前台首页原型

　　单击首页展示的产品照片，可以直接进入单个商品的展示区域，单击新闻标题可以进入单篇新闻的浏览页面，单击产品显示区域的"更多"，进入产品中心，单击新闻区域的"更多"，进入新闻中心。

　　2）"关于我们"模块原型（图 1-1-11）。

图 1-1-11　二级页面"关于我们"原型

3）"产品中心"模块原型（图 1-1-12）。在二级页面"产品中心"，单击产品的类目，可以浏览到各种类目下的产品列表，单击产品的图片或者是产品的描述，可以进入三级页面"产品介绍"，如图 1-1-13 所示。

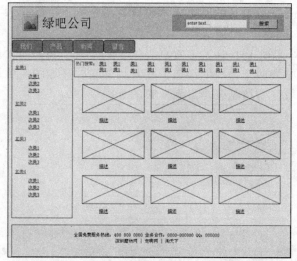

图 1-1-12　二级页面"产品中心"原型

图 1-1-13　三级页面"产品介绍"原型

4）"新闻中心"模块原型（图 1-1-14）。在二级页面"新闻中心"，单击新闻列表下的分页图标，可以分页浏览到新闻信息。在每一页，单击新闻的标题，可以进入三级页面"新闻查看"，如图 1-1-15 所示。

5）"留言中心"模块原型（图 1-1-16）。在留言中心，浏览者输入标题，姓名，电子邮件和留言内容之后，单击"提交"按钮就可以完成留言。单击"更多"，进入留言列表，如图 1-1-17 所示。

在留言列表，可以单击分页符号实现留言的分页浏览，单击标题，可以进入单个留言的浏览页面，如图 1-1-18 所示。

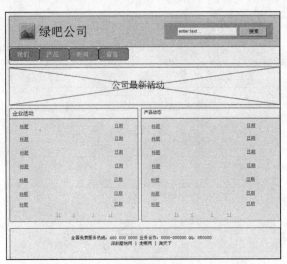

图 1-1-14　二级页面"新闻中心"原型

图 1-1-15　三级页面"新闻查看"原型

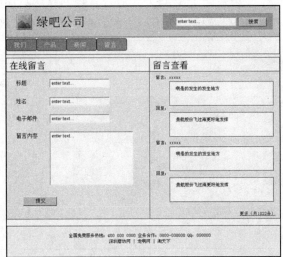

图 1-1-16　二级页面"留言中心"原型

图 1-1-17　三级页面"留言列表"原型

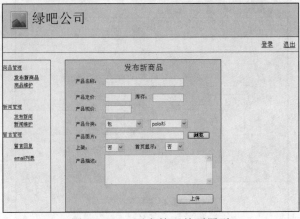

图 1-1-18　四级页面"留言浏览"原型

6）"后台管理首页"原型（图 1-1-19）。后台管理的默认页面是"发布新商品"，该页面的左边是各种管理页面的导航栏。单击相应的菜单可以进入二级管理界面。

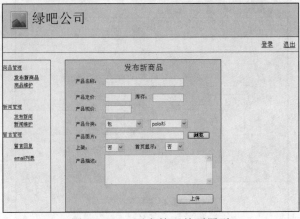

图 1-1-19　后台管理首页原型

7）"商品推荐与维护"页面原型（图1-1-20）。单击商品列表后面的修改，可以进入到"修改商品信息"的三级页面，如图1-1-21所示。

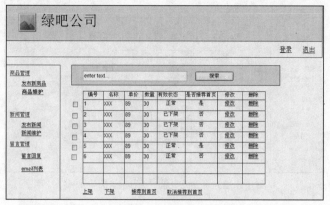

图1-1-20　二级页面"商品推荐与维护"原型

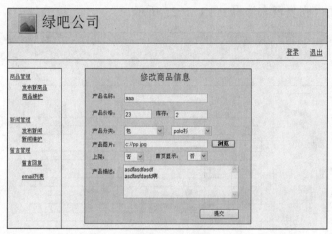

图1-1-21　三级页面"修改商品信息"原型

8）"发布新闻"页面原型（图1-1-22）。

9）"新闻维护"页面原型（图1-1-23）。

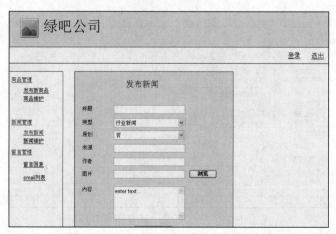

图1-1-22　二级页面"发布新闻"原型

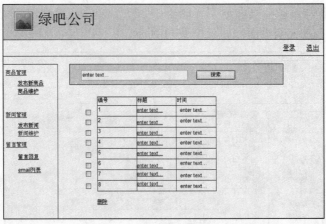

图 1-1-23　二级页面"新闻维护"原型

10）"留言回复"页面原型（图 1-1-24）。单击"未回复留言列表"中的留言标题，可以进入三级页面"回复留言"，如图 1-1-25 所示。

图 1-1-24　二级页面"未回复留言列表"原型

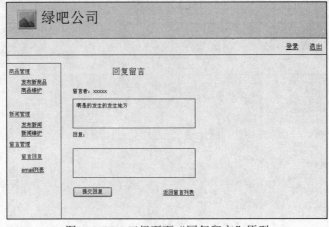

图 1-1-25　三级页面"回复留言"原型

11）"email 列表"页面原型（图 1-1-26）。

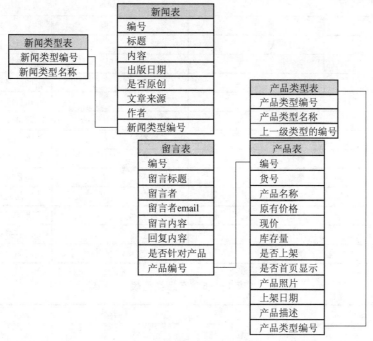

图 1-1-26　二级页面"用户 email 列表"原型

4. 设计网站后台数据库的基本结构

　　根据网站原型，可以了解网站需要存储哪些数据。例如，观察图 1-1-10，发现首页中要展示商品的图片和描述，那么就可以提炼出"商品"这个实体有图片、描述属性；再观察图 1-1-12 和图 1-1-13，可以了解"商品"这个实体还有类别、名称、价格等属性，另外根据常识，为了区分不同的商品，还需要为每一个商品分配一个编号，以此类推，根据原型的设计及对整个网站业务需求的分析，可以设计出支持该网站的数据库结构图，如图 1-1-27 所示。

图 1-1-27　数据库关系模型

　　根据表的设计思路和网站对数据的具体要求，可以得到该数据库中所有的表的基本结构，见表 1-1-3～表 1-1-7。

表 1-1-3　新闻表

表名：news		说明：新闻表	
字　段	类　型	约　束	描　述
nid	自动编号	主键	编号
title	字符串	不为空	标题
content	字符串	不为空	内容
pubtime	日期	不为空	出版日期
ifcopyright	整数	是和否	是否原创
source	字符串		文章来源
author	字符串		作者
typeid	整数	不为空	新闻类型编号
pic	字符串		新闻图片名

表 1-1-4　新闻类型表

表名：newstypes		说明：新闻类型表	
字　段	类　型	约　束	描　述
typeid	自动编号	主键	编号
typename	字符串	不为空	新闻类型名称

表 1-1-5　产品表

表名：products		说明：产品表	
字　段	类　型	约　束	描　述
pid	自动编号	主键	编号
pcode	字符串	不为空	货号
pname	字符串	不为空	产品名称
oldprice	浮点数	不为空	原价
nowprice	浮点数		现价
num	整数	不为空	库存量
ifvalid	整数	是和否	是否上架
iftop	整数	是和否	是否首页显示
photo	字符串	不为空	产品照片
pubtime	日期	不为空	上架日期
descr	字符串	不为空	产品描述
typeid	整数	不为空	产品类型编号

表 1-1-6　产品类型表

表名：Producttypes		说明：产品类型表	
字　段	类　型	约　束	描　述
typeid	整数	主键	编号
typename	字符串	不为空	名称
superid	整数		父类编号

表 1-1-7　留言表

字　段	类　型	约　束	描　述
表名：Words		说明：留言表	
wid	自动编号	主键	编号
title	字符串	不为空	留言标题
name	字符串	不为空	留言者
email	字符串	不为空	留言者 email
content	字符串	不为空	留言内容
reback	字符串	不为空	回复内容
ifforproduct	字符串	是和否，默认为否	是否是产品留言
pubtime	日期	不为空	发表时间
retime	日期		回复时间
pid	数字		如果是产品留言，就记录产品编号

 自我评价

评分项目	评分标准	分值	得分
基本要求	理解绿吧网站的建站需求	10	
	理解绿吧网站的原型及其内在关系	20	
	知道网站开发的基本流程	20	
	知道数据库设计的基本格式与步骤	20	
拓展要求	会绘制网站结构图、原型、数据库关系图	30	
合　计		100	

 思考与练习

一、简答题

1．简述网站开发的基本步骤。

2．请总结如何能制作出符合用户需求的原型？你觉得什么样的原型是优秀的？

二、操作题

如果要给绿吧企业门户网站添加一个在线论坛的功能，请结合本次任务的操作步骤，完成下表。

任务需求：在线论坛
绿吧公司希望利用在线论坛加强与用户之间的沟通与交流，以及时把握市场的需求变化。该论坛不需要身份验证，只要提供电子邮件就可以发帖、浏览帖子，公司的管理员需要登录，进入论坛后，可以删除帖子。
系统设计步骤一：建立原型
（根据任务的描述，请为"在线论坛"模块设计相关页面的原型，并描述页面之间的跳转逻辑）
系统设计步骤二：建立数据表
（根据原型的设计，请为"在线论坛"模块设计相关的数据表，并描述表之间的关系）

实现首页的新闻显示

➤ **学习目标**

➤ 了解绿吧门户网站首页的新闻浏览需求。

➤ 知道一般 JSP 网站项目的基本目录结构。

➤ 知道 JSP 脚本的基本语法。

➤ 知道 out 对象的常用方法。

➤ 会使用 MyEclipse 工具开发最简单的 JSP 网站项目。

➤ 会使用 Java 技术连接数据库。

➤ 会使用 out 对象输出数据访问的结果（HTML 格式）。

任务描述

本次任务要求完成绿吧旅游用品公司首页的新闻显示，如图 1-2-1 所示。

因本书的重点是 JSP 网站开发技术的应用，对于网页设计的其他环节，如网页美工、静态页面设计和样式表设计等都不是本书要介绍的重点，所以本次任务将首页新闻显示的界面进行了简化，任务二要完成的新闻显示功能的最终效果如图 1-2-2 所示。

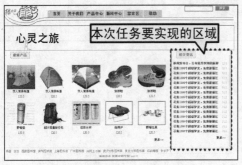

图 1-2-1 首页新闻显示的效果图

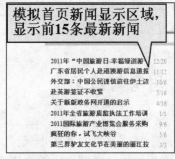

图 1-2-2 任务二效果图

任务分析与相关知识

1. JSP 网站的基本目录结构

一个典型的 JSP 网站的目录结构，如图 1-2-3 所示。

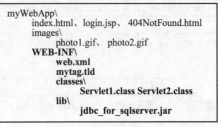

图 1-2-3 Web 应用的目录结构

图 1-2-3 的粗体部分属于网站的私有资源，通常将一些类文件和配置文件放在 WEB-INF 文件夹下：Servlet 类需要放在 classes 文件夹下，数据库访问的驱动类一般放置在 lib 文件夹下。

目录结构是 JSP 网站的身份标志之一，任何 JSP 网站项目都要维持这种固定的文档结构，反言之，任何用于部署 JSP 网站的 Web 服务器都支持这种结构的网站项目，都能运行这种网站。

2. MyEclipse 的基本用法

MyEclipse 企业级工作平台（MyEclipse Enterprise Workbench，简称 MyEclipse）是对 EclipseIDE 的扩展，利用它可以在数据库和 JavaEE 的开发、发布以及应用程序服务器的整合方面极大地提高工作效率。它是功能丰富的 JavaEE 集成开发环境，包括了完备的编码、调试、测试和发布功能，完整支持 HTML、Struts、JSP、CSS、JavaScript、SQL 和 Hibernate。

本书使用 MyEclipse 来开发 Web 项目。下面通过一个简单的例子来说明 MyEclipse 如何创建 Web 项目。

演示一　创建一个 Web 项目，其名称是 Hello，里面包含一个 JSP 网页 index.jsp。（本演示使用的是 MyEclipse 6.0 版本，如果是 6.0 以上版本，大部分的配置内容都是相同的，读者可根据对设置内容的理解自行调整。）

1）首先打开 MyEclipse。按照如图 1-2-4 所示的步骤操作，进入如图 1-2-5 所示的启动界面。

图 1-2-4　MyEclipse 工具选择界面　　　　图 1-2-5　MyEclipse 启动界面

2）设置工作目录。第一次运行 MyEclipse，一般要求设置工作目录，这个工作目录就是以后创建各个 Web 项目的文件存储路径。设置界面如图 1-2-6 所示。

3）进入工作界面，如图 1-2-7 所示。

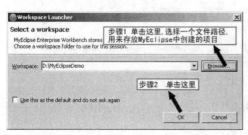

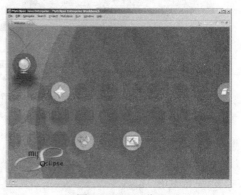

图 1-2-6　设置工作目录界面　　　　图 1-2-7　工作界面

4）创建一个 Web Project。按照如图 1-2-8 所示的步骤操作，单击"Web Project"之后，进入如图 1-2-9 所示的项目配置界面。

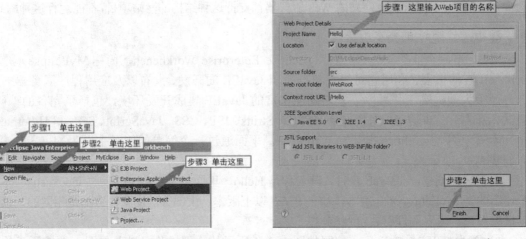

图 1-2-8　添加一个 Web Project　　　　　图 1-2-9　Web Project 配置界面

配置成功，进入如图 1-2-10 所示的项目开发界面。

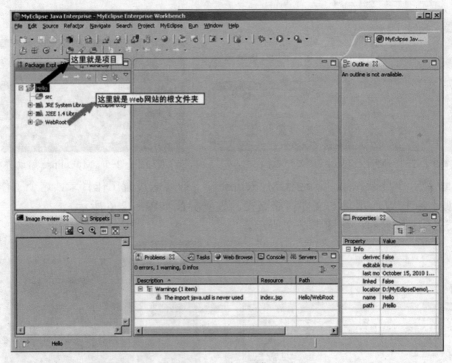

图 1-2-10　项目开发界面

5）修改项目的默认编码格式。单击菜单中的"Project"→"Properties"，按图 1-2-11 所示配置项目编码。

图 1-2-11　配置项目编码界面

6）查看项目文件夹。项目创建完毕之后，在已经指定的工作目录下可以看到刚刚创建的网站项目根目录"Hello"，如图 1-2-12 所示。

7）按照如图 1-2-13 所示方式修改 Hello 项目中的默认页面 index.jsp。

图 1-2-12　项目文件夹

图 1-2-13　编写 index.jsp

8）配置 JSP 页面的运行环境。在工具栏中单击如图 1-2-14 所示的工具图标。

图 1-2-14　单击"服务器配置"图标

然后按照如图 1-2-15 所示的方式，进行服务器配置。

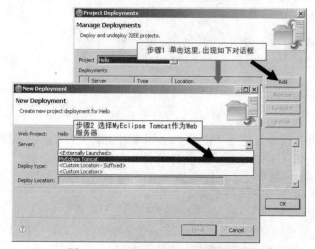

图 1-2-15　配置项目对应的服务器

9）测试网页 index.jsp。在工具栏上单击如图 1-2-16 所示的工具图标。

图 1-2-16　单击"运行"图标

运行结果如图 1-2-17 所示。

图 1-2-17　运行结果

3．JSP 脚本的基本语法

一个简单的 JSP 页面代码如下所示。

```
<%@ page language="java" contentType="text/html;charset=gb2312"%>
<%
        out.println ("hello world");
%>
```

<%…%>是 JSP 脚本的最基本特点，这一点和 ASP 技术很相似，但 JSP 的基础是 Java，所以天生具备面向对象程序设计的思想，在程序功能扩展性、兼容性、重用性和安全性等方面都比 ASP 有优势。

JSP 脚本有 3 种基本的语法形式：JSP 注释、JSP 指令和 JSP 脚本元素。

1）JSP 注释。JSP 页面支持以下两种注释：

```
<!-- 注释 -->
<%--注释--%>
```

注释的使用方法参考下面案例：

```
<%@ page language="java" import="java.util.*" pageEncoding="utf-8"%>
<!DOCTYPE HTML PUBLIC "-//W3C//DTD HTML 4.01 Transitional//EN">
<html>
  <head>
        <title>注释测试页面</title>
  </head>
  <!-- 这个注释在网页的源文件中可以看到 -->
  <%--    这个注释在网页的源文件中看不到        --%>
  <body>
        测试 jsp 的注释功能，写注释是良好的编程习惯之一哦！  <br />
  </body>
</html>
```

讨论　请将 Hello 项目中 index.jsp 中的代码替换为上面的代码，启动服务器，运行该项目，然后在浏览器中测试该页面，通过查看网页源代码比较两种注释的区别。

2）JSP 指令。JSP 指令是位于 JSP 文件头用来对 JSP 文件的相关配置进行设置的说明性代码。例如，在 Hello 项目中，index.jsp 文件的第一行如下：

```
<%@ page language="java" import="java.util.*" pageEncoding="utf-8"%>
```

这一行就是 JSP 指令，它的格式如下：

```
<%@ 指令类型  属性名=属性值%>
```

这里面@符号是指令的身份象征，表示这一行是指令行，JSP 支持 3 种指令类型：page、include 和 taglib。每一种类型的指令都有固定的一些属性值可以设置。

① page 指令：用来对当前页面的各种相关环境进行配置。

② include 指令：用来在一个文件中包含另一个文件的内容。

③ taglib 指令：用来申明用户自己定义的标签。

page 指令可以设置的属性见表 1-2-1。

表 1-2-1　page 指令属性列表

属性名	作　用	范　例
info	网页文件说明	
language	网页中脚本所支持的语言	Java（目前只支持 Java）
contentType	设置本网页内容的类型和编码	text/html；charset=utf-8
extends	脚本之间的继承关系	一般是默认的
import	导入脚本所需要的资源	java.util.*，java.sql.*
session	是否创建会话对象	一般是默认的，设置值是：true/false
buffer	设置页面处理数据输入输出时缓存区的大小	一般是默认的，设置值范例是：16KB
autoFlush	是否自动刷新缓存	一般是默认的，设置值是：true/false
isThreadSafe	是否多线程	一般是默认的，设置值是：true/false
errorPage	指定错误页面	error.jsp（当前网页发生异常时，会跳转到 error.jsp 页面）
isErrorPage	当前页面是否是错误处理页面	true/false（如果当前网页是其他网页的错误处理页面，就要设置这个属性为 true）

注：上述属性在一个网页中只能出现一次，import 属性除外。

练习　使用 page 指令设置页面内容的类型是 "text/html"，字符集是 GBK，且导入 java.sql 和 java.util 包，应该如何写？

include 指令主要设置的属性只有一个 file，例如：

```
<%@include file="in.jsp"%>
```

这句代码的意思是把 in.jsp 文件的全部内容直接复制到当前位置。

讨论　假设有一个 login.jsp，代码如下，请问有什么作用？

```
1  <%@ page contentType="text/html; charset=gb2312" language="java"  %>
2  <%@ include file="head.html" %>
3  <%@ include file="loginmain.jsp" %>
4  <%@ include file="foot.html" %>
```

taglib 指令用来申明用户自己定义的标签，在任务十中有详细的介绍。

3）JSP 脚本元素。JSP 页面的大部分功能都是靠脚本来实现的，它有 3 种脚本元素。

第一种是申明，格式如下：

```
<%! 变量和方法的声明%>
```

例如：

```
1  <% ! int a=0; %>
2  <%! public long fact (long x) {
3      if (x == 0 )
4          return 1 ;
5      else
6          return x * fact (x-1) ;
7      }
8  %>
```

第 1 行申明了一个整数变量 a，这个 a 可以在整个页面使用，属于页面级的变量。第 2 行申明了一个方法，同样这个方法可以在整个页面使用。

第二种是表达式，格式是

```
<%=表达式%>
```

例如：

```
<%= new Date().toString()%>
```

这句代码的作用是在当前位置输出今天的日期，Date 是一个日期类；newDate()创建了一个日期对象，保存当前的系统时间；toString()方法用来输出日期对象的字符串表达方式。

第三种是代码块，格式是

<%这里可以放置 Java 代码%>

这种语法是最灵活的，可以在<%...%>里面嵌入任何合法的 Java 代码。大部分网页的功能都是靠它来实现的，代码块也是用的最多的一种脚本元素。

演示二 在 Hello 项目中添加一个 JSP 网页 test1-2-1.jsp，用来打印当天的日期。

1）在 Hello 项目中添加一个 JSP 文件 test1-2-1.jsp，步骤如图 1-2-18 所示，在出现的向导中按照如图 1-2-19 所示配置文件名。

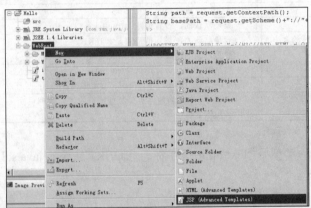

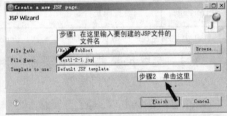

图 1-2-18 添加 JSP 文件　　　　　　　　图 1-2-19 配置 JSP 文件的文件名

2）编写 JSP 文件 test1-2-1.jsp 的代码。

*********************** 代码 1-2-1 test1-2-1.jsp ***********************

```
1   <%@ page contentType="text/html; charset=utf-8" language="java"  %>
2   <%@ page import="java.util.*" %>
3   <%!static int count=0;
4   private String weekchanger(int x){
5     switch(x){
6       case 0:return "星期日";
7       case 1:return "星期一";
8       case 2:return "星期二";
9       case 3:return "星期三";
10      case 4:return "星期四";
11      case 5:return "星期五";
12      case 6:return "星期六";
13      default: return "";
14     }
15  }
16  %>
17  <html>
18  <head><title>测试 jsp 脚本</title>
19  <style type="text/css">
20  <!--
21  .red {
22  font-weight: bold;
23  color: #FF0000;
24  }
25  .blue {
```

```
26          color: #0000FF;
27      }
28      -->
29    </style>
30    </head>
31    <body>
32    <h2>
33    <%
34      Date today=new Date();
35      String str="今天是"+(today.getYear()+1900)+"年"+
36                     (today.getMonth()+1)+"月"+
37                     today.getDate()+"日";
38      out.println(str);
39      int weekday=today.getDay();
40      if(weekday==0 ||weekday==6){
41    %>
42      <font class="red"><%= weekchanger(weekday)%></font>
43      <%}else{ %>
44      <font class="blue"><%= weekchanger(weekday)%></font>
45      <%}%>
46    </h2>
47    <h2><%=(++count)%></h2>
48    </body>
49    </html>
```

3）运行 Hello 网站项目，测试 test1-2-1.jsp，效果如图 1-2-20 所示。

图 1-2-20   test1-2-1.jsp 运行效果

第 38 行的 out 是 JSP 页面的内置对象。内置对象是在 JSP 页面中不需要额外的申明、定义，可以直接使用的对象。如果 JSP 页面是一个提供 Web 服务的餐厅，那么内置对象就是这个餐厅里的服务员，你可以直接呼喊：服务员！他就会为你提供服务，但是他提供服务的内容是固定的，不是想要什么就有什么的，所以需要大致了解不同类型的服务员都固定提供哪些服务，这样才能充分地享受到良好的服务。

JSP 页面常用的内置对象见表 1-2-2。

表 1-2-2   JSP 内置对象表

对 象 名	作 用
request	用来处理网页中的请求，例如表单的请求
response	用来响应用户的请求，例如处理页面的跳转
session	用来保存会话信息
out	向客户端浏览器直接输出数据的输出流对象
application	可以存储网站应用级别的属性，也就是说存储在 application 中的属性生命周期和 Web 服务的生命周期一样
pageContext	用来管理上下文信息，该对象提供方法，能得到其他内置对象。该对象还提供访问和存储页面中的共享数据的方法

演示三   在 Hello 项目中添加一个 JSP 网页 test1-2-2.jsp（添加 JSP 文件的步骤参考上

一个演示），用来展示 JSP 页面 3 种显示内容的方式。

************************* 代码 1-2-2 test 1-2-2.jsp **************************

```
1    <%@ page contentType="text/html; charset=utf-8" language="java"   %>
2    <%@ page import="java.util.*" %>
3    <html>
4    <head><title>测试 jsp 输出的方式</title></head>
5    <body>
6    <%
7         out.println("(1)用 out 对象输出内容<br/>");
8         out.println("<font color='blue'>"+new Date().toString()+"</font>" ) ;
9    %>
10   <br/><font color="red" >
11   <%= "(2)在表达式中输出内容："+ new Date().toString() %>
12   </font>
13   <h2>(3)html 的输出方式</h2>
14   </body>
15   </html>
```

****

第 7～8 行是在代码块中用 out 对象输出内容，使用 out 对象可以输出任何 HTML 代码，也可以输出各种 Java 表达式的结果，非常灵活。

第 11 行，使用表达式输出内容，一般这种方式会嵌入在 HTML 代码中，实现动态内容的显示。第 13 行是直接的 HTML 静态内容输出方式。

运行 Hello 网站项目，测试 test1-2-2.jsp，效果如图 1-2-21 所示。

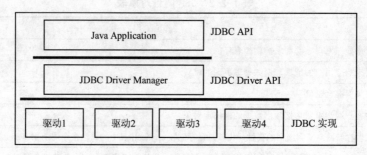

图 1-2-21 test1-2-2.jsp 运行效果

表 1-2-2 中的其他对象将在后续的任务中陆续解释。

4．JDBC 数据库访问技术

JDBC 是 Java 的数据库访问技术，Java 主要靠驱动器来管理对各种数据库的访问，如图 1-2-22 所示。

图 1-2-22 JDBC 实现框架

JDBC 访问数据库的基本步骤如图 1-2-23 所示。

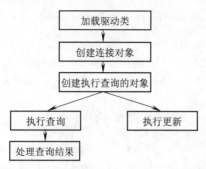

图 1-2-23　应用 JDBC 技术的基本步骤

下面对数据库访问技术的重要基本步骤进行详细的介绍。

1）加载驱动类。驱动类为访问数据库提供必须的底层支持。下面是 3 种不同数据源的驱动类加载方式。

① JDBC-ODBC 桥：如果要访问 ODBC 数据源就使用这种方式。

```
Class.forName("sun.jdbc.odbc.JdbcOdbcDriver");
```

② MySQL 驱动：直接访问 MySQL 数据源。

```
Class.forName("org.gjt.mm.mysql.Driver")
```

③ SQL Server 驱动：直接访问 SQL Server 数据源。

```
Class.forName("com.microsoft.jdbc.sqlserver.SQLServerDriver");
```

第一种方式，Java 的标准类库中提供了这种驱动类，所以事先不用下载专用的资源包了。后面两种方式需要先加载包含对应驱动类的资源包才可以正常工作。

2）和数据库建立连接。JDBC 使用 Connection 类型的对象管理与数据库的连接。其实现语法如下：

```
Connection cn = DriverManager.getConnection(URL,login_name, login_password);
```

后面两个参数很好理解，表示登录数据库的用户名和密码，如果没有，可以为空字符串。关键是第一个字符串的写法，它用来表示所要连接的数据库的类型、位置等信息。这里针对第一步加载的 3 种驱动类，编写其对应的 3 种 URL 字符串：

① 连接 ODBC：

```
URL="jdbc:odbc:odbc 数据源的名称"
```

② 连接 MySQL：

```
URL="jdbc:mysql://服务器名/数据库名"
```

③ 连接 SQL Server：

```
URL="jdbc:microsoft:sqlserver://服务器名或者是 ip 地址：端口号；databasename=数据库名"
```

3）创建执行查询的对象。建立好数据库连接，就可以执行各种各样的 SQL 语句。JDBC 使用 Statement 对象执行 SQL 语句，创建 Statement 对象的语法如下所示。

```
Statement stmt = cn.createStatement();//创建 Statement 对象
```

或者提供两个参数，用来确定查询结果的游标类型和读写权限，例如：

```
Statement stmt= cn.createStatement (ResultSet.TYPE_SCROLL_SENSITIVE,
ResultSet.CONCUR_UPDATABLE) //用来执行可更新，敏感游标类型的查询
```

4）执行查询。把要执行的 SQL 语句交给第三步创建的 Statement 对象就可以了。当然不同类型的 SQL 语句执行之后的结果不同，如果是 select 语句，其执行结果是一个类似表结构的结果集，JDBC 使用 ResultSet 类型的对象来存储这种结果集；如果是增删改语句，其返回结果是操作所影响的行数。

```
//如果执行 select 语句
```

25

```
Resultset rs =stmt.executeQuery(select 语句);//rs 中存放查询执行的结果
//如果执行 update、delete、insert 语句,使用下面的语句
int result=stmt.executeUpdate(query);//result 中保存更新所影响的行数
```

5）检索查询的结果。第四步如果执行了 select 语句会返回一个 ResultSet 对象,该对象包含了所有的查询结果信息。使用 Resultset 提供的 getXXX 方法可以从结果中取出字段的值,例如:

```
String name=rs.getString("username");//获得当前行字段名为 username 的值
int age=rs.getInt("age"); //获得当前行字段名为 age 的值
```

当然,查询结果通常不止一行,可以使用 ResultSet 提供的 next()方法实现行的转移,定位到下一条要访问的记录行位置,如果当前访问的已经是最后一行数据,再执行 next 方法就会返回一个 false 状态。

6）关闭打开的对象。关闭所有数据库访问和操作对象,如下所示。

```
rs.close()//关闭结果对象
stmt.close()//关闭 statement 对象
cn.close()//关闭连接对象
```

下面通过一个案例演示 JDBC 如何从 MySQL 数据库中提取数据。

演示四　测试 JDBC 的用法。

第一步:下载针对 MySQL 数据库的 JDBC 驱动类。在搜索引擎网站中输入"jdbc for mysql",根据搜索的结果,选择下载的网站,例如笔者搜索到的网站 http://dev.mysql.com/downloads/connector/j/下就有相关的下载链接,如图 1-2-24 所示。

图中两个下载可以二选一,无论你到什么网站,下载的是什么版本,都可以看到类似一个 mysql-connector-java-某串代表版本的数字-bin.jar 或者是 mysql-connector-java-某串代表版本的数字-bin.zip 的压缩包。这个压缩包提供了访问 MySQL 数据库的必要支持。

第二步:把第一步下载的压缩包 mysql-connector-java-5.0.0-bin.jar（注意读者下载的版本不一定和本书一致,这并不影响程序的执行）放到 Hello 项目下 Web 根目录下的 lib 文件夹中,如图 1-2-25 所示。

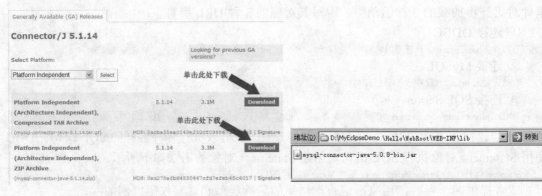

图 1-2-24　JDBC 驱动下载示意图　　　　图 1-2-25　JDBC Driver 的存储路径

第三步:在 D 盘下创建一个 SQL 文件 test1-2-3.sql,该文件内容如下所示。

********************** 代码 1-2-3　test1-2-3.sql **********************

```
1    create database HelloDB;
2    use   HelloDB;
3    create table member(
```

```
4         account    nvarchar(50) primary key,
5         Realname   nvarchar(50),
6         password   nvarchar(50),
7         email nvarchar(50),
8         address nvarchar(50),
9         phone nvarchar(50)
10    );
11    insert into member values('cherry','mary','000000','000000','000000','000000');
12    insert into member values('tomy','tom','000000','000000','000000','000000');
```
****

第四步：在 MySQL 数据库中创建数据库和表。如图 1-2-26 所示，选择 MySQL 启动命令，进入如图 1-2-27 所示的界面。

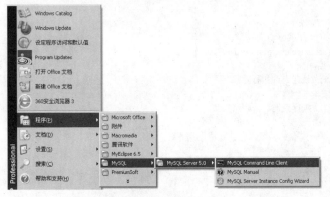

图 1-2-26　MySQL 程序启动 1　　　　　　图 1-2-27　MySQL 程序启动 2

输入 MySQL 服务器安装配置时设置的 root 用户的密码。如果密码错误，启动界面会自动关闭；如果密码正确，出现如图 1-2-28 所示的界面。

在图 1-2-28 中输入 "source test1-2-3.sql 的绝对路径"，例如，如果 test1-2-3.sql 位于 D 盘根目录下，就输入如图 1-2-29 所示的命令。

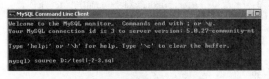

图 1-2-28　MySQL 程序启动 3　　　　　　图 1-2-29　执行 sql 文件

完成上述步骤之后，MySQL 中就创建了一个数据库 HelloDB，可以使用如下几个命令查看 MySQL 数据库下的数据库对象。

1）use 数据库名：用来转换当前使用的数据库。

2）show tables：用来显示当前数据库下的所有数据表。

3）desc 表名：用来显示一个表的结构。例如，如果在图 1-2-29 所示的命令执行之后，再输入 "desc member"，就会看到如图 1-2-30 所示的表结构。

```
+----------+-------------+------+-----+---------+-------+
| Field    | Type        | Null | Key | Default | Extra |
+----------+-------------+------+-----+---------+-------+
| account  | varchar(50) | NO   | PRI | NULL    |       |
| realname | varchar(50) | YES  |     | NULL    |       |
| password | varchar(50) | YES  |     | NULL    |       |
| email    | varchar(50) | YES  |     | NULL    |       |
| address  | varchar(50) | YES  |     | NULL    |       |
| phone    | varchar(50) | YES  |     | NULL    |       |
+----------+-------------+------+-----+---------+-------+
```

图 1-2-30　member 表结构

第五步：在 Hello 项目中添加一个 JSP 文件 test1-2-4.jsp，代码如下所示。

*********************** 代码 1-2-4　test1-2-4.jsp ***************************

```
1    <%@ page contentType="text/html; charset=utf-8" language="java"%>
2    <%@ page import="java.sql.*" %>
3    <html>
4    <head><title>测试 jdbc 访问数据库</title></head>
5    <body>
6    <%
7        Connection cn;
8          Statement st;
9          String driver="org.gjt.mm.mysql.Driver";
10         String username="root";
11         String password="123456";//读者此处输入本地 mysql 数据库 root 用户的密码
12       String url="jdbc:mysql://localhost/hellodb?characterEncoding=utf-8";
13       try{
14             System.out.println("正在连接数据库...");
15             Class.forName(driver).newInstance ();//加载驱动
16             cn=DriverManager.getConnection(url,username,password);//建立连接
17             System.out.println("已经连接到数据库");
18             Statement stmt=cn.createStatement();//创建查询执行对象
19             String sql="select * from member";
20             ResultSet rs=stmt.executeQuery(sql);//执行查询，得到结果集
21             out.println("<table border='1'>");
22         out.println("<tr>");
23         out.println("<td>账号</td>");
24         out.println("<td>真实姓名</td>");
25         out.println("<td>电子邮件</td>");
26         out.println("</tr>");
27             while(rs.next()){//定位结果集中的记录
28                 String account=rs.getString("account");//获取字段值
29                 String realname=rs.getString("Realname");//获取字段值
30                 String email=rs.getString("email");//获取字段值
31                 out.println("<tr>");
32         out.println("<td>"+ account +"</td>");
33         out.println("<td>"+ realname +"</td>");
34         out.println("<td>"+ email +"</td>");
35         out.println("</tr>");
36             }
37         out.println("</table>");
38             stmt.close();//关闭对象
39             cn.close();
40         }catch(Exception e){
41             System.out.println("出现的异常为"+e);
42         }
43    %>
44    </body>
45    </html>
```

****

第 14、17、41 行的 System.out.println 是将信息打印在服务器的控制台上，用来跟踪程序执行的过程；第 21～35 行中的 out.println 是使用 out 对象在网页上输出内容。

第六步：运行 Hello 网站，测试 test1-2-4.jsp 页面的输出结果如图 1-2-31 所示。

账号	真实姓名	电子邮件
cherry	mary	000000
tomy	tom	000000

图 1-2-31　test1-2-4.jsp 运行效果

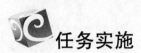 **任务实施**

1. 任务单

本次任务的任务清单见表 1-2-3。

表 1-2-3　任务二的任务清单

序　号	任　　务	功　能　描　述
1	创建 Web 项目 GreenBar	参考演示一完成 GreenBar 项目的创建
2	部署 JDBC 驱动类	参考演示四的第二步，把 mysql-connector-java-5.0.0-bin.jar 文件放到 GreenBar 的根目录下的 lib 文件夹中
3	创建并在 mysql 中运行 greenbardb.sql	该文件用于创建网站的后台数据库，本次任务需要创建一个新闻表
4	新建 index_news.jsp	该网页模拟首页的新闻显示区域，用于在首页显示存储在新闻表中的最新的前 15 条新闻

2. 实施步骤

步骤一　打开 MyEclipse，创建一个新的 Web 项目 GreenBar，并将访问 MySQL 所必需的 JDBC 驱动类文件包放到网站根目录下的 WebRoot\WEB-INF 下的 lib 文件夹中。具体操作参考本任务分析中的相关步骤。

步骤二　在 D 盘中创建一个数据库脚本文件 greenbardb.sql，并输入如下代码（空格处代码请读者根据提示，自行完成）。

*********************** 代码 1-2-5　greenbardb.sql ************************

```
1   drop database greenBar;
2   create database greenBar;
3   use  greenBar;
4   create table news(
5       nid   int   auto_increment primary key,
6       title     nvarchar(50),
7       content   nvarchar(3000),
8       pubtime    datetime,
9       ifcopyright int,
10      source    nvarchar(50),
11      author    nvarchar(50),
12      typeid    int ,
13      pic       nvarchar(50)
14  );
15  insert into news(title,content,pubtime,ifcopyright,source,author,typeid,pic)
16  values('第三届驴友文化节在美丽的丽江拉开帷幕',
17  '第三届驴友文化节在美丽的丽江拉开帷幕,本次活动盛况空前',
18  '2003-03-03 00:00:00',1,null,'admin',1,'1.jpg');
19  _____
20  _____
21  _____
22  _____
23  _____
24  
```

```
25  _____
26  create table newstypes(
27      typeid    int auto_increment primary key,
28      typename nvarchar(50)
29  );
30  insert into newstypes(typename) values('行业动态');
31  _____
32  _____
33  _____
34  _____
35  _____
```

****

↘ 【操作提示】

1）请模仿第 15～18 行的 insert into 语句再编写五条 insert into 语句向 news 表插入五条测试用数据。

2）请模仿第 30 行的 insert into 语句再编写五条 insert into 语句向 newstypes 表插入五条测试用数据。

步骤三 在 MySQL 中执行 greenbardb.sql，创建 GreanBar 数据库及相关的两个表 news 和 newstypes。

步骤四 在 Web 项目 GreenBar 的根目录下，添加一个 JSP 文件 index_news.jsp，并输入如下代码。

*************************代码 1-2-6　index_news.jsp**************************

```
1   <%@ page language="java" import="java.util.*,java.sql.*,java.text.*"
2   pageEncoding="utf-8"%>
3   <html xmlns="http://www.w3.org/1999/xhtml">
4   <head>
5   <meta http-equiv="Content-Type" content="text/html; charset=gb2312" />
6   <title>无标题文档</title>
7   <style type="text/css">
8   <!--
9   ul {
10      margin: 0px;
11      padding: 0px;
12      float: left;
13      display: block;
14  }
15  p {
16      text-indent: 2em;
17      font-size: 12px;
18      line-height: 20px;
19  }
20  li{
21      margin: 0px;
22      padding: 0px;
23  }
24  ul#news {
25      width: 240px;
26      margin-left: 5px;
27      margin-top: 5px;
28  }
29  ul#news  li {
30      margin: 0px;
31      padding: 0px;
32      float: left;
```

```
33          width: 245px;
34          list-style-type: none;
35          overflow: hidden;
36  }
37  ul#news a {
38          color: #663366;
39          text-decoration: none;
40          font-size: 12px;
41          line-height: 20px;
42          font-weight: bold;
43          display: block;
44          float: left;
45          width: 200px;
46          overflow: hidden;
47          height: 20px;
48  }
49
50  ul#news a:hover {
51  font-weight:normal;
52  }
53  .time {
54          color: #999999;
55          display: block;
56          float: left;
57          width: 30px;
58          font-size: 12px;
59          line-height: 20px;
60          text-align: right;
61  }
62  -->
63  </style>
64  </head>
65  <body>
66  <ul id="news">
67  <%
68        //连接数据库执行查询，从 news 表中查询前 15 条最新的新闻
69          Connection cn;
70          Statement st;
71          String driver=_____;
72          String username=_____;
73          String password=_____;
74        String url=_____;
75        try{
76              System.out.println("正在连接数据库...");
77              Class.forName(_____).newInstance ();
78              cn=DriverManager.getConnection(____, _____, _____);//建立连接
79              System.out.println("已经连接到数据库");
80              Statement stmt=cn.createStatement();//创建查询执行对象
81              String sql="select * from news order by pubtime desc";
82              ResultSet rs=stmt.executeQuery(sql);//执行查询，得到结果集
83              for(int i=0;i<15;i++){     //取出最上面的 15 条新闻
84                    if(rs.next()){//判断有没有超出结果集的范围
85                        String nid=_____;  //取新闻 id
86                            String title=_____;  //获取新闻标题
87                            java.util.Date pubtime=_____;//获取新闻发布时间
88                            SimpleDateFormat f=new    SimpleDateFormat("M/d");
89                            String outdate=f.format(pubtime);
90                            String href="news_detail.jsp?nid="+nid;
91                            out.println("<li>");
92                            out.println("<a href='"+href+"'>"+title+"</a>");
```

```
93                    out.println("<span class='time'>"+outdate+"</span>");
94                    out.println("</li>");
95                }
96            }
97            stmt.close();//关闭对象
98            cn.close();
99        }catch(Exception e){
100           System.out.println("出现的异常为"+e);
101       }
102   %>
103   </ul>
104   </body>
105   </html>
```

****

↘ 【操作提示】

1）请模仿代码 1-2-4，填写第 71～78 行数据库连接的基本参数。

2）第 85～87 行根据注释所说的数据访问需求，从结果集中取数据，具体语法模仿代码 1-2-4 的第 28 行。

运行 GreenBar 网站，测试 index_news.jsp 页面的输出结果，如图 1-2-32 所示。

图 1-2-32 index_news.jsp 运行效果

 自我评价

评分项目	评分标准	分值	得分
知识要求	理解首页新闻显示的业务逻辑	10	
	知道 JSP 语法的基本格式	10	
	知道 JDBC 技术	10	
	知道 MyEclipse 和 MySQL 数据库的用法	10	
操作要求	能完成四个演示的代码调试	30	
	能完成首页的新闻显示页面	30	
合　计		100	

32

思考与练习

一、填空题

1．JSP 项目中用来存储私有资源的文件夹名是_____，用来配置网站信息的 XML 文件是_____。

2．JSP 有两种注释格式，分别是_____和_____

3．JSP 指令的基本语法是：

<%_____属性名=属性值%>

4．如果想在 JSP 网页中导入 java.sql 包，应该怎么写 page 指令：

_____

5．如果 msg 是一个字符串变量，要使用表达式在 HTML 文档中输出 msg 的值，应该这样写：

<%_____msg%>

6．JSP 网站要部署在服务器上，才能运行，支持 JSP 网站的服务器有_____

_____。

7．JDBC 是 Java 访问数据库的技术，用来连接 MySQL 数据源的驱动类类名是_____

_____，用来描述数据源路径的格式是：

_____//localhost/数据库名？_____=utf-8

二、操作题

绿吧企业门户网站除了能显示最新新闻以外，还要显示企业重点宣传的产品信息，如图 1-2-33 所示。

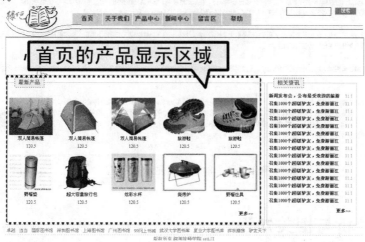

图 1-2-33　首页产品显示的效果图

1．在原有的 GreenBar 数据库中添加两个表：产品表和产品类型表（表结构参考任务一的表 1-1-3、表 1-1-4）。

2．模仿 index_news.jsp，在 GreenBar 项目中添加一个 JSP 文件 index_product.jsp，用来完成首页的产品显示功能。

任务三　实现单篇新闻内容的显示

➤ **学习目标**

➤ 知道 request 对象的常用方法。

➤ 知道在 URL 中带参数的参数格式。

➤ 知道 out 对象的常用方法。

➤ 会在页面之间传递参数。

➤ 会使用 JSP 脚本查询数据库，并将查询的结果显示在 JSP 中。

➤ 能实现新闻内容的查询与显示。

任务描述

任务二实现了在首页上显示数据库中最新存储的新闻信息，如果浏览者对其中某一条新闻感兴趣，需要单击新闻标题进入到具体的新闻浏览页面。本次任务要求完成单篇新闻的显示，如图 1-3-1 所示。

整个新闻显示分为 4 个区域：标题区域、作者或来源区域、正文区域和返回链接区域。

> ### 梦想的路上，与"骑"同"行"——访励志社黄家富
>
> 来源：深圳大学校园网 2011-11-17
>
> 　　11月9日，励志社骑行队队长黄家富接受了学子天地记者的采访。在采访过程中，记者真切感受到了这位男孩的真实、淡定与幽默。这位能够带给人舒服感觉的男孩在骑行的背后究竟有着怎样的故事？现在，让我们一起跟随骑行队队长黄家富走进他的骑行世界。
>
> 　　说到加入骑行队的初衷，队长黄家富笑着答道当初是出于单纯的兴趣。他从初中开始就比较关注骑行，但整个中学阶段却一直无法在身边找到这样的组织。丰富的大学社团满足了他梦寐以求的愿望。
>
> 　　在08年北京奥运会期间，励志社骑行队的几位师兄以实践从深圳-北京的长途骑行来积极响应北京奥运会。此次骑行为励志社的活动添加了浓墨重彩的一笔。
>
> 　　骑行队每年大概都会招募到近百名社员，且目前在校社员的数量已达到了400余名。励志社的社歌是《热情的沙漠》和《最初的梦想》。这两首歌为励志社青春活力、追逐梦想做了最好的诠释。励志社每周都会进行各式各样的活动：周三、周日为夜骑；周末的中长骑如骑行东冲活动；假期的长骑行如骑行青藏线、川藏线、海南环岛以及桂林等。很多人对骑行西藏感到不可思议，但也并不是遥不可及。对于如何参与令人心驰神往的西藏之行，记者了解到，其人不仅要具备一定的长途骑行经验，而且要通过一系列的严格考核。
>
> 返回新闻列表

图 1-3-1　单篇新闻显示效果图

任务分析与相关知识

1. 网页中的参数级别

网页之间经常需要传递参数，按照参数有效时间的长短，可以分为如下几种：

1）请求级别的参数。例如，单击感兴趣的产品图片，能进入到这个产品的描述页面，说明第一个页面传递了一个产品编号给第二个页面，这样产品描述页面才能判断要显示哪

一件产品的信息。又如注册页面需要传递一个用户注册的所有信息到注册处理页面。像这种参数传递都是依靠 Web 服务器中的"请求"对象来实现的，这些参数在请求处理结束后就不再有效了。

2）会话级别的参数。在用户访问同一个网站的时候，从一个网页跳到另一个网页，会话级别的参数都是有效的，除非超过了一定的时间或是用户关闭了浏览器，网站服务器由此判定用户这次与网站之间"活跃"的访问已经停止了，用户已经不再关注本网站了，那么会话级别的参数就随着会话一起失去了时效。最典型的会话级别的参数就是购物车，用户在网页之间穿梭，购买各种各样的商品，购物车一直有效，并记录用户所购买的商品信息，直到用户去结算，才清空了购物车；或者是用户关闭了浏览器，购物车自然就失效了。

3）应用级别的参数。只要网站服务器不重新启动，这种参数一直是持续有效的，无论客户机什么时间访问该网站，这种级别的参数都一直是可以使用的。它是生命周期最长的参数，所以一般用来存放全局的、公共的变量，如访问网站的累计人数等。

2．网页传送参数的方式

网页中的请求参数有两种来源：一种是超链接传递的，另一种是通过表单提交过来的。

1）超链接带的请求参数直接以"?参数名=参数值"的形式实现传递，如下所示。

```
<a href="to.jsp?a=test1&b=test2">带参数跳转</a>
```

"&"用于连接多个参数。单击超链接文本"带参数跳转"之后，页面就跳转到 to.jsp，并且 to.jsp 有两个请求级别的参数 a 和 b 可以被访问。

2）表单通过表单域的名称和值来实现参数传递，如下所示。

```
<form   name="form1" action="to.jsp" method="get">
<input type="text" name="a" /><br/>
<input type="text" name="b" /><br/>
<input type="submit" value="提交"/>
</form>
```

这个表单的运行效果如图 1-3-2 所示，在表单的文本框中输入如图所示的文本，单击"提交"按钮之后，页面也要跳转到 to.jsp，并且也带着两个请求参数 a 和 b，相当于实现了类似"http：//ip：端口/项目名/路径/to.jsp?a=test1&b=test2"的 URL 跳转。

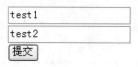

图 1-3-2　表单运行效果图

3．网页获取参数的方式

在 JSP 页面中请求级别的参数都是靠内置对象 request 来获取的。request 对象如同前面使用的 out 对象一样都来自 Web 服务器，它们是"天生"的"服务员"，无需定义和实例化，直接使用即可。

从本质上看，request 对象就是用户请求的数据和处理数据的方法的集合体，要使用这个对象，就要先了解这个对象有哪些常用的方法，分别可以用来做什么。request 实际上是 HttpServletRequest 类型的对象，它的常用方法可以参考任务四的表 1-4-2，其中

getParameter 用来取参数。下面通过一个演示，来学习请求对象 request 如何获取参数。

演示　from.html 传递参数给 to.jsp。

1）在 Hello 项目中添加一个 html 文件 from.html，代码如下所示。

******************************** 代码 1-3-1　　from.html ***************************

```
1    <html xmlns="http://www.w3.org/1999/xhtml">
2    <head>
3    <meta http-equiv="Content-Type" content="text/html; charset=gb2312" />
4    <title>无标题文档</title>
5    </head>
6    <body>
7    <form   name="form1" action="to.jsp" method="get">
8    <input type="text" name="a" /><br/>
9    <input type="text" name="b" /><br/>
10   <input type="submit" value="提交"/>
11   </form>
12   <a href="to.jsp?id=123">带参数的超链接</a>
13   </body>
14   </html>
```

****

2）在 Hello 项目中添加一个 JSP 文件 to.jsp，代码如下所示。

******************************** 代码 1-3-2　　to.jsp *******************************

```
1    <%@ page language="java" pageEncoding="utf-8"%>
2    <!DOCTYPE html PUBLIC "-//W3C//DTD XHTML 1.0 Transitional//EN"
3    "http://www.w3.org/TR/xhtml1/DTD/xhtml1-transitional.dtd">
4    <html xmlns="http://www.w3.org/1999/xhtml">
5    <head>
6    <meta http-equiv="Content-Type" content="text/html; charset=gb2312" />
7    <title>无标题文档</title>
8    </head>
9    <body>
10   <%
11   String a=request.getParameter("a");
12   String b=request.getParameter("b");
13   String id=request.getParameter("id");
14   %>
15   <h2><%= a%></h2>
16   <h2><%= b%></h2>
17   <h2><%= id%></h2>
18   </body>
19   </html>
```

****

运行 Hello 网站项目，在地址栏输入"http://localhost:8080/Hello/from.html"，在表单填写如图 1-3-2 所示的数据，单击"提交"按钮，出现如图 1-3-3 所示的效果，如果在 from.html 页面直接单击超链接，进入 to.jsp，出现如图 1-3-4 所示的效果。

图 1-3-3　to.jsp 效果图 1

图 1-3-4　to.jsp 效果图 2

演示一说明，无论是表单提交还是超链接，request 都使用统一的方法来取数据，而且取出来的数据类型统一为字符串，如果取不到，则返回一个 null 值。

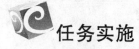

任务实施

1. 任务单

本次任务的任务清单见表 1-3-1。

表 1-3-1　任务三的任务清单

序　　号	任　　务	功　能　描　述
1	index_news.jsp	传送参数的页面（任务二中已经创建），包含如下语句： String href="news_detail.jsp?nid=" +nid；其中 nid 是参数名
2	news_detail.jsp	获取参数的页面，根据 index_news.jsp 页面传递的新闻编号 nid，查询数据库，得到指定新闻的具体信息并显示出来

2. 实施步骤

在项目 GreenBar 中添加一个 JSP 文件 news_detail.jsp，代码如下所示。

************************* 代码 1-3-3　news_detail.jsp *************************

```
1   <%@ page language="java" import="java.util.*,java.sql.*" pageEncoding="GB18030"%>
2   <!DOCTYPE html PUBLIC "-//W3C//DTD XHTML 1.0 Transitional//EN"
3   "http://www.w3.org/TR/xhtml1/DTD/xhtml1-transitional.dtd">
4   <html xmlns="http://www.w3.org/1999/xhtml">
5   <head>
6   <meta http-equiv="Content-Type" content="text/html; charset=utf-8" />
7   <title>单篇新闻显示</title>
8   <style type="text/css">
9   <!--
10  h1,h2,h3,h4,h5,h6{
11      display: block;
12      float: left;
13      margin: 0px;
14      padding:0px;
15  }
16  #news{
17          width: 900px;
18          margin-top: 20px;
19          margin-bottom: 10px;
20          float: left;
21          margin-left: 40px;
22  }
23  h2 {
24          font-size: 24px;
25          line-height: 50px;
26          text-align: center;
```

```
27       margin: 0px;
28       padding: 0px;
29       width: 900px;
30   }
31   h3 {
32       font-size: 12px;
33       color: #666666;
34       text-align: right;
35       width: 880px;
36       padding-right: 20px;
37       line-height: 15px;
38       font-weight: normal;
39   }
40   h4 {
41       text-indent: 2em;
42       width: 800px;
43       margin-left: 50px;
44       text-align: left;
45       font-weight: normal;
46   }
47   #news a {
48       display: block;
49       float: left;
50       width: 900px;
51       text-align: center;
52       font-size: 12px;
53       line-height: 30px;
54       color: #FF0000;
55       text-decoration: underline;
56   }
57   -->
58   </style>
59   </head>
60   <body>
61   <%
62       //得到要查询的新闻编号
63       String nid=_____;
64       if(nid==null){
65       response.sendRedirect("index_news.jsp");
66       }
67       //连接数据库执行查询，从 news 表中查询前 15 条最新的新闻
68       Connection cn;
69       Statement st;
70       String driver="org.gjt.mm.mysql.Driver";
71       String username="root";
72       String password="_____";//读者此处输入本地 mysql 数据库 root 用户的密码
73       //读者在第 74 行输入你所使用的数据库名
74       String url="jdbc:mysql://localhost/_____?characterEncoding=utf-8";
75       try{
76           System.out.println("正在连接数据库...");
```

```
77                      _____//加载驱动
78                      _____//建立连接
79          System.out.println("已经连接到数据库");
80          ,                 _____//创建查询执行对象
81          String sql="select * from news where nid="+nid;
82          ResultSet rs=_____;//执行查询，得到结果集
83          if(rs.next()){//定位结果集中的记录
84                      String title=rs._____("title");//获取字段值
85                      String content=rs._____("content");    //获取字段值
86                      java.util.Date pubtime=rs._____("pubtime");//获取字段值
87                      int ifcopyright=rs._____("ifcopyright");//获取字段值
88                      String source=rs._____("source");//获取字段值
89                      String author=rs._____("author");//获取字段值
90                      String temp="";
91                      if(ifcopyright==1){
92                              temp="作者:"+author;
93                      }else{
94                              temp="来源 :"+source;
95                      }
96                      java.text.SimpleDateFormat f=
97              new    java.text.SimpleDateFormat("yy-MM-dd");
98                      String outdate=f.format(pubtime);
99                      temp=temp+"    "+outdate;
100                     out.println("<div id='news'>");
101                     out.println("<h2>"+title+"</h2>");
102                     out.println("<h3>"+temp+"</h3>");
103                     out.println("<h4>"+content+"</h4>");
104                     out.println("<a href='index_news.jsp'>返回新闻列表</a>");
105                     out.println("</div>");
106             }
107         stmt.close();//关闭对象
108         cn.close();
109     }catch(Exception e){
110         System.out.println("出现的异常为"+e);
111     }
112 %>
113 </body>
114 </html>
```

****

➥ 【操作提示】

1）请模仿代码 1-3-2 的第 11～13 行代码的写法，完成第 63 行的代码。

2）请结合任务二所学知识，完成第 72～89 行的代码。

注意　本网页需要访问的数据库是任务二中创建的 GreenBar 数据库，以后凡是 GreenBar 网站项目运行，都需要这个数据库的支持，所以在运行 GreenBar 项目之前要确认 MySQL 是运行状态，并且创建好相关的数据表。

运行 GreenBar 网站，测试 index_news.jsp 页面的输出结果，如图 1-3-5 所示。单击该网页中的第一篇新闻标题超链接，效果如图 1-3-6 所示。

图 1-3-5　index_news.jsp 页面效果 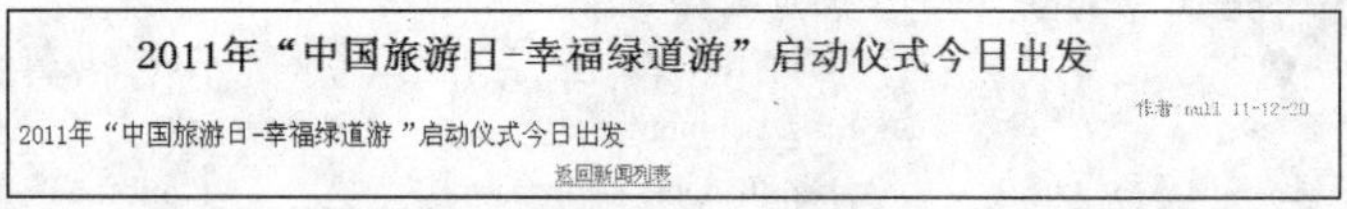　　　　图 1-3-6　news_detail.jsp 页面效果

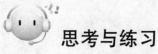 自我评价

评分项目	评分标准	分值	得分
知识要求	理解单篇新闻显示的业务逻辑	10	
	知道参数传递的方式	10	
	知道 request 获取参数的方法及其用法	10	
	知道参数范围的含义	10	
操作要求	能完成演示一的代码调试	30	
	能完成单篇新闻显示页面	30	
合　计		100	

思考与练习

一、填空题

1．设计一个超链接，连接路径是 user.jsp，要求带一个参数，参数名为 uid，参数的值存储在一个变量 uid 中，完成如下超链接的编写：

<a href=<%＿＿＿＿＿＿＿＿＿＿＿＿＿＿＿＿＿＿＿＿%>>用户</a>

2．request 对象要取出参数 uid，应该如何写：

String uid=＿＿＿＿＿＿＿＿＿＿＿＿＿＿＿＿＿＿＿＿＿＿

3．网页之间传递的参数，根据有效时间的长短，可以分为 3 种类型：＿＿＿＿＿＿＿＿、＿＿＿＿＿＿＿＿、＿＿＿＿＿＿＿＿。

二、操作题

1．在原有的 GreenBar 数据库中添加一个表 words（该表的结构如任务一中的表 1-1-5 所示），并向该表中插入 10 条测试数据。

2．实现产品描述页面 product_detail.jsp。当浏览者单击任务二中图 1-2-33 所示的产品图片超链接时，进入到某一件产品的具体描述页面，如图 1-3-7 所示。

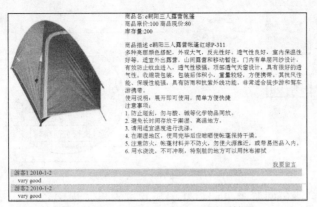

图 1-3-7　product_detail.jsp 页面效果

任务四　实现纯文本新闻的发布

▼ 学习目标

➢ 了解绿吧企业新闻发布的业务需求。

➢ 理解 Servlet 在 JSP 网站中的作用和地位。

➢ 知道 Servlet 中请求与响应对象的常用方法。

➢ 会创建、部署和运行 Servlet。

➢ 会使用请求对象获取表单的数据。

➢ 会使用响应对象实现页面的跳转。

➢ 会使用 Servlet 处理新闻表单的数据提交请求。

任务描述

本次任务要求完成绿吧旅游用品公司后台管理的
新闻发布，如图 1-4-1 所示。

任务分析与相关知识

图 1-4-1　纯文本新闻发布页面效果图

1. Servlet 概述

JSP 网站项目必须要部署在 Web 服务器上才能运行，并面向客户端浏览器提供服务，
Servlet 实际上是工作在服务器的类文件。从功能上看，Servlet 可以处理用户的请求，根
据用户的需求处理数据，并将结果以一定的形式反馈给用户。下面以登录为例，如图 1-4-2
所示。

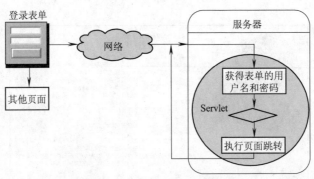

图 1-4-2　Servlet 处理登录过程

客户端通过浏览器访问登录页面，并填写登录表单。提交之后，用户输入的用户名和密码通过 HTTP 数据包发送到服务器端，服务器端驻留的 Servlet 小程序利用内置的对象，可以轻松提取 HTTP 数据包中的数据，也可以轻松实现对客户端浏览器的"指引"。例如，如果通过检测发现传递过来的用户名和密码错误，Servlet 可以让客户端跳转到其他页面，或者输出错误提示。

其实，前面讲的 JSP 脚本和 Servlet 并没有太大的不同，因为 JSP 中的 Java 脚本部分都会被服务器自动地转换成为 Servlet 文件，驻留在服务器的内部来处理用户的请求。虽然这两种技术形式本质上相同，但分工不同，在设计网站的时候，应该尽量让 JSP 页面专注于完成表示层的任务，如数据的展示，而把一些后台数据的处理功能分离出来交给 Servlet 做。

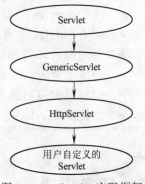

Servlet 从本质上看就是 Java 类文件，只不过这个类有很多的格式上的限制，否则服务器就无法识别到它的身份了。这种限制是靠继承来实现的。也就是说，自定义的 Servlet 类都必须符合 Servlet 的基本框架。Servlet 的基本框架分 3 个层次，分别是最顶级的 javax.servlet.Servlet、次级的 javax.servlet.GenericServlet 和一般用于 Web 网站规范中的 javax.servlet.http.HttpServlet，如图 1-4-3 所示。

图 1-4-3　Servlet 实现框架

所有用户自定义的 Servlet 必须继承来自父类的规范，这些规范在 javax.servlet 包和 javax.servlet.http 包中定义，所以定义的 Servlet 类必须导入这两个包。

2. Servlet 的基本结构

自定义的 Servlet 之所以不同于一般的类，就在于他的特定规范，这些特定规范是以方法的形式体现的。例如，要设计处理 Web 请求的 Servlet，必须定义一个类，它继承至 HttpServlet 类。HttpServlet 类是专门处理 HTML 表单数据的，它的基本结构见表 1-4-1。

表 1-4-1　Http Servlet 类的基本结构

方　法　名	说　　明
init 方法	服务器第一次装入 Servlet 时执行，通常用这个方法来配置服务器，该方法在 Servlet 生命周期中只会执行一次
service 方法	每当客户请求一个 HttpServlet 对象时，该对象的 service 方法就要被调用，服务器会传递给这个方法一个"请求"和"响应"对象作为参数。在 HttpServlet 中，service 方法已经定义好了，就是根据 HTTP 请求的类型选择适合的 doXXX 方法来处理请求。例如，如果请求类型为 get，就调用 doGet 方法，如果请求类型为 post，就调用 doPost 方法

（续）

方 法 名	说 明
destroy 方法	在服务器停止且卸载 Servlet 的时候执行一次
getServletConfig 方法	返回一个 ServletConfig 对象，该对象用来返回初始化参数和 ServletContext，ServletContext 接口提供有关 Servlet 环境的信息
getServletInfo 方法	提供有关 Servlet 的信息，如作者、版本和版权等

在上述类结构中，service 方法是核心方法，该方法还有两个衍生的方法：doGet 方法和 doPost 方法，它们分别对应于表单的两种提交方式。学过 HTML 的读者应该熟悉 form 表单在定义的时候，有一个 method 属性，该属性可以选择 get 或者是 post，如下所示。

```
<form name="form1"  action="aservlet" method="get">...</form>
```

如果 method 设置为 get，表单中的数据会附在 URL 之后（就是把数据放置在 HTTP 协议头中），以"？"分割 URL 和传输数据，多个参数用"&"连接，例如"login.action?name=hyddd&password=idontknow&verify=%E4%BD%A0%E5%A5%BD"。如果数据是英文字母/数字，原样发送；如果是空格，转换为 +；如果是中文/其他字符，则直接把字符串用 BASE64 加密，得出如"%E4%BD%A0%E5%A5%BD"所示的内容，其中，%XX 中的 XX 为该符号以 16 进制表示的 ASCII。

如果 method 设置为 post，则是把提交的数据放置在 HTTP 包的包体中，也就意味着地址栏的 URL 中是看不到要提交的数据的。

因此，HttpServlet 提供两个方法 doGet 和 doPost 分别单独处理不同的请求类型。

下面是一个自定义的 Servlet 类的基本结构。

********************** 代码 1-4-1　自定义的 Servlet 类 **********************

```
1    import java.io.*;
2    import javax.servlet.*;
3    import javax.servlet.http.*
4    public class MyServlet extends HttpServlet {
5        public void doGet(HttpServletRequest request,
6                                    HttpServletResponse response)
7                    throws ServletException, IOException
8        {
9                //处理表单的 get 请求
10       }
11       public void doPost(HttpServletRequest request,
12                                    HttpServletResponse response)
13                    throws ServletException, IOException
14       {
15               doGet(request,response);
16       }
17   }
```

****

3．定义、部署和运行 Servlet

在 MyEclipse 中创建 Web 项目和 Servlet，它会自动帮助我们生成 Web 目录并自动完成 Servlet 的基本配置。现在通过一个案例来学习 Servlet 的定义、部署和运行步骤。

演示一　使用 Servlet 向客户端浏览器输出问候语句。

1）使用 MyEclipse 打开之前的项目 Hello，然后采用如图 1-4-4 所示的方式，在 Hello 下创建一个 Servlet 文件 HelloServlet。

图 1-4-4　添加 Servlet 步骤 1

在图 1-4-4 中选择"Servlet"命令后，进入图 1-4-5 所示的配置窗口，该窗口主要是配置 Servlet 的名字。其中"Package"项需要输入包名（即要创建的 Servlet 会被放到什么文件夹中）；"Name"项需要输入创建的 Servlet 的名称。其他项采用默认值即可。

单击"Next"按钮进入下一个对话框，如图 1-4-6 所示。其中"Servlet/JSP Name"用来配置 Servlet 的别名，一般设置为类名的小写形式；"Servlet/JSP Mapping URL"用来设定该 Servlet 的访问路径，一般设置为"/别名"。

图 1-4-5　添加 Servlet 步骤 2

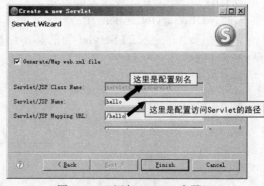

图 1-4-6　添加 Servlet 步骤 3

完成上面配置后，在项目目录中的 src 文件夹下，出现了一个新的文件夹 servlets，该文件夹下出现一个新的文件 HelloServlet.java，目录结构如图 1-4-7 所示。

图 1-4-6 的别名和路径配置实际上是在配置 web.xml 文件。该文件位于网站目录下 WEB-INF 文件夹下，该文件中与 Servlet 相关的配置信息如图 1-4-8 所示。

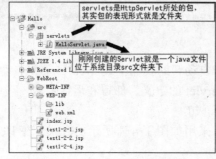

图 1-4-7　Servlet 的存储路径

图 1-4-8　web.xml 文件

2）在 HelloServlet.java 文件中输入如下代码。

************************ 代码 1-4-2   HelloServlet.java *************************

```java
1    package servlets;
2    import java.io.IOException;
3    import java.io.PrintWriter;
4    import javax.servlet.ServletException;
5    import javax.servlet.http.HttpServlet;
5    import javax.servlet.http.HttpServletRequest;
7    import javax.servlet.http.HttpServletResponse;
8    public class HelloServlet extends HttpServlet {
9    public void doGet(HttpServletRequest request, HttpServletResponse response)
10                   throws ServletException, IOException {
11                   response.setContentType("text/html;charset=utf-8");
12                   PrintWriter out = response.getWriter();
13    out.println(
14    "<!DOCTYPE HTML PUBLIC \"-//W3C//DTD HTML 4.01 Transitional//EN\">");
15                   out.println("<HTML>");
16                   out.println("<HEAD>");
17    out.println("<meta http-equiv=\"Content-Type\" content=\"text/html;
18                                            charset=utf-8\" />");
19                   out.println("<TITLE>第一个 servlet</TITLE></HEAD>");
20                   out.println("   <BODY>");
21                   out.print("你好！这是来自 Servlet 的问候 ");
22                   out.println(" </BODY>");
23                   out.println("</HTML>");
24                   out.flush();
25                   out.close();
26        }
27        public void doPost(HttpServletRequest request,
28                                            HttpServletResponse response)
29                throws ServletException, IOException {
30                   doGet(request,response);
31        }
32    }
```

****

运行 Hello 网站项目，测试 HelloServlet，效果如图 1-4-9 所示。

图 1-4-6 完成的路径映射配置决定了 Servlet 的访问方式，例如 HelloServlet 的路径映射为/hello，那么就意味着，Hello 网站服务器启动之后，应该使用"http://服务器名或者 ip 地址：端口号/Hello/hello"来访问对应的 Servlet。

http://magy:8080/Hello/hello

你好！这是来自Servlet的问候

图 1-4-9   HelloServlet 运行结果

4. 使用 Servlet 处理表单的请求

Servlet 经常用来处理表单的请求，在处理请求的过程中最常用到的两个对象是请求对象（HttpServletRequest）和响应对象（HttpServletResponse）。

1）HttpServletRequest 类型的对象 request，也就是 JSP 网页中使用的默认对象 request，用来处理请求的数据，该对象中的常用方法见表 1-4-2。

表 1-4-2　HttpServletRequest 的方法列表

方法分类	方　　法	参数作用	方法说明
获得请求端的参数	getParameter(String)	指定参数名	得到单值参数
	getParameterValues(String)	指定参数名	得到多值参数
在请求范围存储参数	setAttribute(Object, Object)	第一个参数表示要存储的属性名 第二个参数表示要存储的属性值	设置属性的值
	getAttribute(Object)	指定要得到的属性名	返回属性的值
	removeAttribute(Object)	指定要删除的属性名	删除属性
获得请求头信息	getQueryString()	无	返回查询字符串
	getMethod()	无	返回 HTTP 请求类型
	getHeader(String)	提供要返回的信息的名称	从 HTTP 请求中返回命名头信息的值
会话方法	getSession()	true：如果当前环境中没有会话，建立一个新会话；false：不建立新对话的情况下返回 false	得到当前的会话对象

2）HttpServletResponse 类型的对象 response，也就是 JSP 网页中使用的默认对象 response，用来处理对用户的响应，该对象中的常用方法见表 1-4-3。

表 1-4-3　HttpServletResponse 的方法列表

方法分类	方　法　名	参数作用	方法说明
页面重定向	sendError(int)	指定错误码	转向处理指定错误编码的页面
	sendRedirect(String)	指定页面路径	转向指定页面
输出流设置	setContentType(String)	响应的 MIME 类型	设置响应的 MIME 类型
	getOutputStream()	无	返回一个 ServletOutputStream 对象，在应答中写入二进制数据
	getWriter()	无	返回一个 PrintWriter 对象，在应答中发送字符文本

所以 Servlet 可以使用 request 对象的 getParameter 方法获取请求中的参数—— 表单中的各种数据，也可以使用 response 对象提供的方法向客户发送数据或者是实现页面的跳转。

下面通过演示二，了解 Servlet 如何处理表单数据。

演示二　完成绿吧企业门户网站后台登录功能。

在任务二编写的 greenbardb.sql 基础之上，添加如下 SQL 脚本。

****************** 代码 1-4-3 · greenbardb.sql 添加的部分 ********************

```
1   create table admins(
2       id   int   auto_increment   primary key,
3       account   nvarchar(50),
4       password   nvarchar(50),
5       cls   int
6   );
7   insert into admins(account,password,cls)values("admin","123456",0) ;
8   insert into admins(account,password,cls)values("mj","mj",0) ;
```

****

在 MySQL 中重新运行 greenbardb.sql，在原有的 GreenBar 数据库中添加了一个数据表 admins，并在该表中插入了两条测试数据。

　　使用 MyEclipse 打开之前的项目 GreenBar，在网站根目录下添加一个文件夹 styles，并在该文件夹下添加一个 CSS 文件 bk.css。

**************************** 代码 1-4-4　bk.css ****************************

```
1    #container {
2         width:800px;
3         height:600px;
4         margin:0px auto;
5         padding:0px;
6    }
7    body{font-size:12px;}
8    a:hover{font-weight:bold;}
9    ul{
10        float:left;
11        margin:0px;
12        padding:0px;
13   }
14   h1,h2,h3,h4,h5,h6{
15   display: block;
16   float: left;
17   margin: 0px;
18     padding:0px;
19   }
20   #container img {
21        float: left;
22   }
23   #container #head ul {
24        height: 15px;
25        width: 800px;
26   }
27   #container #head li {
28        display: block;
29        float: right;
30        list-style-type: none;
31        line-height: 15px;
32        margin-left: 30px;
33   }
34   #container #head a{
35        font-size: 15px;
36        font-weight: bold;
37        text-decoration: none;
38        color: #CC3300;
39   }
40
41   #container h1 {
42        height: 108px;
43        width: 800px;
44        text-align: center;
45        font-size: 24px;
46        line-height: 108px;
47        color: #006600;
48        background-image: url(../bgimages/logo.png);
49   }
50   /*************************left******************************/
51   #main {
52        float: left;
53        width: 800px;
```

```
54        height: auto;
55    }
56    #left{
57          float: left;
58          width: 100px;
59          padding: 0px;
60
61          height: 360px;
62          margin-top: 20px;
63          margin-right: 10px;
64          margin-bottom: 0px;
65          margin-left: 0px;
66    border: 1px solid #000000;
67          padding-bottom: 0px;
68    }
69    #right {
70          float: left;
71          height: 359px;
72          width: 680px;
73          margin-top: 20px;
74          background-color: #eeeeee;
75          border: thin dashed #669900;
76    }
77    ul#maintype {
78          width: 90px;
79          margin-left: 0px;
80          margin-top: 10px;
81          margin-bottom: 10px;
82    }
83    ul#maintype    li {
84          margin: 0px;
85          padding: 0px;
86          float: left;
87          width: 90px;
88          list-style-type: none;
89    }
90    a.M {
91          background-color: #FFFF99;
92          width: 90px;
93          border-bottom-width: 1px;
94          border-bottom-style: solid;
95          border-bottom-color: #333333;
96          display: block;
97    }
98    ul#maintype a {
99          color: #663366;
100         text-decoration: none;
101         font-size: 13px;
102         line-height: 20px;
103         font-weight: bold;
104   }
105   ul#maintype a.now{
106   border:1px dashed #669900;
107   color:#FF0000;
108   }
109   ul#maintype .subtype {
110         width: 70px;
111         margin-left: 20px;
112   }
113   ul#maintype .subtype li {
114         width: 70px;
```

```
115 }
116 span.ptype {
117        font-size: 16px;
118        line-height: 30px;
119        font-weight: bold;
120        display: block;
121        float: left;
122        width: 100px;
123        color: #FFFFFF;
124        background-color: #669900;
125        text-align: center;
126 }
127 /*****************************uploadform****************************/
128 h2 {
129        width: 670px;
130        margin-bottom:10px;
131        font-size: 14px;
132        line-height: 25px;
133        color: #FFFFFF;
134        height: 25px;
135        background-color: #669900;
136        padding-left: 10px;
137 }
138 #registerform,h3{
139        margin-top:0px;
140        width:410px;
141        height:auto;
142        margin-left:50px;
143        float: left;
144        padding: 10px;
145        background-color: #FFFFFF;
146        border: 1px solid #000000;
147 }
148 h3{
149        width:300px;
150        height:100px;
151        font-size: 24px;
152        line-height: 100px;
153        color: #990000;
154        text-align: center;
155 }
156 ul.inputul{width:400px;}
157 ul.inputul li,ul.inputul li.content{
158        display: block;
159        float:left;
160        width:250px;
161        list-style-type: none;
162        height:30px
163 }
164 ul.inputul li.content{
165        height:50px
166 }
167 ul.inputul li.txtregister{
168        width:100px;
169        text-align:right;
170        font-size:14px;
171        line-height:30px;
172 }
173 ul.inputul li.inputregister{
174      font-size:14px;
175      line-height:30px;
```

```
176 }
177 ul.inputul li.inputregister input, li.inputregister select,ul.inputul li.longinputregister input{
178        float:left;
179        width:100px;
180        heigth:20px;
181        margin-top:5px;
182        margin-bottom:5px;
183        border: 1px solid #006600;
184 }
185 ul.inputul    li.longinputregister input{
186        width:180px;
187 }
188 ul.inputul    li    textarea{
189        width:200px;
190        height:60px;
191        float:left;
192        height:50px;
193
194 }
195 ul.inputul    li.imgtxt input{
196        height:20px;
197        margin-top:5px;
198        margin-right:15px;
199 }
200 ul.inputul li.registerok{
201        width:400px;
202 }
203 ul.inputul li.registerok a{
204        font-size: 12px;
205        line-height: 40px;
206        display:block;
207        float:left;
208        margin-left:10px;
209 }
210 ul.inputul li.registerok    input{
211        width:80px;
212        margin-left:100px;
213        background-color: #CCCCCC;
214        border: 1px solid #000000;
215        font-size: 12px;
216        line-height: 20px;
217        height: 20px;
218        margin-top: 10px;
219        margin-bottom: 10px;
220 }
221 ul.inputul li.seperator{
222        width:350px;
223        font-size: 12px;
224        line-height: 30px;
225        text-align:center;
226        border-bottom:1px solid #000000;
227 }
228 h6{
229        font-size:12px;
230        line-height:30px;
231        color:red;
232        width:30px;
233        text-align:center;
234 }
```

****

在网站根目录下添加一个 HTML 文件 bk_login.html。

****************** 代码 1-4-5　bk_login.html ******************

```
1   <!DOCTYPE html PUBLIC "-//W3C//DTD XHTML 1.0 Transitional//EN"
2   "http://www.w3.org/TR/xhtml1/DTD/xhtml1-transitional.dtd">
3   <html xmlns="http://www.w3.org/1999/xhtml">
4   <head>
5   <meta http-equiv="Content-Type" content="text/html; charset=gb2312" />
6   <title>无标题文档</title>
7   <link href="styles/bk.css" rel="stylesheet" type="text/css" />
8   <script language="javascript" type="text/javascript">
9   function change(index){
10      var ulmain=document.getElementById("maintype");
11      var ulsub=ulmain.getElementsByTagName("ul")[index];
12      if (ulsub.style.display == ")
13          ulsub.style.display = 'none';
14      else
15          ulsub.style.display = ";
16  }
17  </script>
18  </head>
19  <body>
20  <div id="container">
21      <h1>绿吧网站后台管理系统</h1>
22      <div id="head">
23          <ul>
24          <li><a href="bk_login.jsp" >登录</a></li>
25          <li>|</li>
26  <li><a href="bk_exit.jsp">退出</a></li>
27          </ul>
28      </div>
29          <div id="main">
30              <div id="left">
31                  <span class="ptype">管理菜单</span>
32                  <ul id="maintype">
33                      <li><a href="#" class="M" onclick="change(0)">商品管理</a>
34                          <ul class="subtype" style="display: none; ">
35                          <li><a href="bk_p_upload.jsp">发布新商品</a></li>
36                      <li><a href="bk_p_push.jsp">商品推荐</a></li>
37                          <li><a href="bk_p_modify.jsp">商品维护</a></li>
38                          </ul>
39                      </li>
40                      <li><a href="#" class="M" onclick="change(1)">新闻管理</a>
41                          <ul class="subtype" style="display: none; ">
42                      <li><a href="bk_news_upload.jsp" class="now">发布新闻</a></li>
43                          <li><a href="bk_news_modify.jsp">新闻维护</a></li>
44                          </ul>
45                      </li>
46                      <li><a href="#" class="M" onclick="change(2)">留言管理 </a>
47                          <ul class="subtype" style="display: none; ">
48                          <li><a href="bk_reword.jsp">留言回复</a></li>
49                          <li><a href="bk_getemail.jsp">email 列表</a></li></ul>
50                      </li>
51                  </ul>
52          </div><!--left-->
53          <div id="right">
54              <h2>登录</h2>
55              <form id="content" name="form1" action="login">
56                  <ul class="inputul">
57                      <li class="txtregister">用户名:</li>
```

```
58          <li class="inputregister"><input   type="text" name=" taccount "/></li>
59          <li class="txtregister">密码:</li>
60          <li class="inputregister"><input   type="text" name=" tpassword " /></li>
61          <li class="registerok"><input name="" type="submit" value="登录" /></li>
62                  </ul>
63              </form>
64          </div><!--right-->
65    </div><!--main-->
66    </div><!--container-->
67  </body>
68  </html>
```

****

测试 bk_login.html 的效果，如图 1-4-10 所示。

图 1-4-10   后台登录页面效果图

在网站根目录下添加一个 JSP 文件 bk_msg.jsp。

*************************** 代码 1-4-6   bk_msg.jsp ***************************

```
1   <%@ page language="java" import="java.util.*" pageEncoding="utf-8"%>
2   <!DOCTYPE html PUBLIC "-//W3C//DTD XHTML 1.0 Transitional//EN"
3   "http://www.w3.org/TR/xhtml1/DTD/xhtml1-transitional.dtd">
4   <html xmlns="http://www.w3.org/1999/xhtml">
5   <head>
6   <meta http-equiv="Content-Type" content="text/html; charset=utf-8" />
7   <title>后台管理 消息提示</title>
8   <link href="styles/bk.css" rel="stylesheet" type="text/css" />
9   <script language="javascript" type="text/javascript">
10  function change(index){
11      var ulmain=document.getElementById("maintype");
12      var ulsub=ulmain.getElementsByTagName("ul")[index];
13      if (ulsub.style.display == ")
14          ulsub.style.display = 'none';
15      else
16          ulsub.style.display = ";
17  }
18  </script>
19  </head>
20  <body>
21  <div id="container">
22      <h1>绿吧网站后台管理系统</h1>
23      <div id="head">
24          <ul>
25          <li><a href="bk_login.jsp" >登录</a></li>
26          <li>|</li>
27          <li><a href="bk_exit.jsp">退出</a></li>
28          </ul>
29      </div>
30          <div id="main">
31              <div id="left">
```

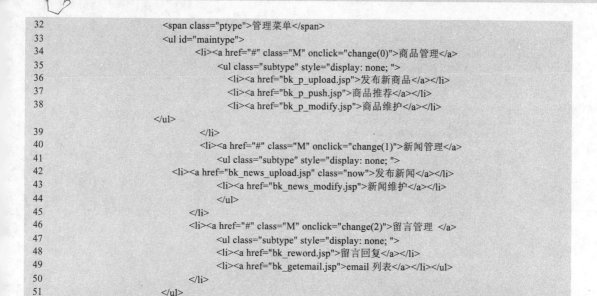

```
32                 <span class="ptype">管理菜单</span>
33                 <ul id="maintype">
34                     <li><a href="#" class="M" onclick="change(0)">商品管理</a>
35                         <ul class="subtype" style="display: none; ">
36                             <li><a href="bk_p_upload.jsp">发布新商品</a></li>
37                             <li><a href="bk_p_push.jsp">商品推荐</a></li>
38                             <li><a href="bk_p_modify.jsp">商品维护</a></li>
39                     </ul>
40                     </li>
41                     <li><a href="#" class="M" onclick="change(1)">新闻管理</a>
42                         <ul class="subtype" style="display: none; ">
43                         <li><a href="bk_news_upload.jsp" class="now">发布新闻</a></li>
44                             <li><a href="bk_news_modify.jsp">新闻维护</a></li>
45                         </ul>
46                     </li>
47                     <li><a href="#" class="M" onclick="change(2)">留言管理 </a>
48                         <ul class="subtype" style="display: none; ">
49                         <li><a href="bk_reword.jsp">留言回复</a></li>
50                         <li><a href="bk_getemail.jsp">email 列表</a></li></ul>
51                     </li>
52                 </ul>
53         </div><!--left-->
54         <div id="right">
55             <h2>消息提示 </h2>
56             <%
57                 request.setCharacterEncoding("utf-8");
58                 String msg=request.getParameter("msg");
59                 msg=new String(msg.getBytes("iso-8859-1"),"utf-8");
60             %>
61         <h3><%=msg %></h3>
62         </div><!--right-->
63     </div><!--main-->
64     </div><!--container-->
65 </body>
66 </html>
```

****

运行 GreenBar 项目，在地址栏输入"http://localhost: 8080/GreenBar/bk_msg.jsp? msg=test"，
效果如图 1-4-11 所示。

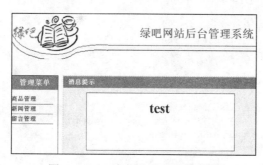

图 1-4-11　消息提示页面效果图

在 GreenBar 项目中添加一个 Servlet 文件 LoginServlet，在 Servlet 的配置向导中，设置包名
为 servlets，并将 LoginServlet 的别名设置为 login，路径映射设置为/login。该文件代码如下所示。

*********************** 代码 1-4-7　LoginServlet.java ***********************

```
1    package servlets;
2    import java.io.IOException;
```

```
3      import java.io.PrintWriter;
4      import javax.servlet.ServletException;
5      import javax.servlet.http.HttpServlet;
6      import javax.servlet.http.HttpServletRequest;
7      import javax.servlet.http.HttpServletResponse;
8      import java.sql.*;
9      import java.net.URLEncoder;
10     public class LoginServlet extends HttpServlet {
11         public void doGet(HttpServletRequest request,
12                                         HttpServletResponse response)
13         throws ServletException, IOException {
14             response.setContentType("text/html;charset=utf-8");
15             PrintWriter out = response.getWriter();
16             //接受用户的请求
17          String user=request.getParameter("taccount");
18          String pwd=request.getParameter("tpassword");
19             //连接数据库，执行用户和密码的查询
20             Connection cn;
21              Statement st;
22              String driver="org.gjt.mm.mysql.Driver";
23              String username="root";
24              String password="root";//读者此处输入本地 MySQL 数据库 root 用户的密码
25              String url="jdbc:mysql://localhost/greenbar?characterEncoding=utf-8";
26              String msg="";
27          try{
28              System.out.println("正在连接数据库...");
29              Class.forName(driver).newInstance ();//加载驱动
30              cn=DriverManager.getConnection(url,username,password);//建立连接
31              System.out.println("已经连接到数据库");
32              Statement stmt=cn.createStatement();//创建查询执行对象
33     String sql="select * from admins where account='"+user+"' and password='"+pwd+"'";
34              System.out.println(sql);
35              ResultSet rs=stmt.executeQuery(sql);//执行查询，得到结果
36              //判断登录是否成功
37              if(rs.next()){
38     msg=URLEncoder.encode("欢迎您进入绿吧企业门户网站后台管理系统 ","utf-8");
39              }else{
40     msg=URLEncoder.encode("对不起，您输入了错误的用户名和密码","utf-8");
41              }
42              stmt.close();//关闭对象
43              cn.close();
44         }catch(Exception e){
45              System.out.println("出现的异常为"+e);
46              msg=URLEncoder.encode("对不起，数据错误","utf-8");
47         }
48           response.sendRedirect("bk_msg.jsp?msg="+msg);
49         }
50         public void doPost(HttpServletRequest request,
51                                         HttpServletResponse response)
52             throws ServletException, IOException {
53             doGet(request,response);
54         }
55     }
```

****

运行 GreenBar 项目，在地址栏输入 "http://localhost:8080/GreenBar/bk_login.html"，在出现的登录表单中输入正确的用户名和密码，单击 "登录" 按钮，会看到如图 1-4-12 所示效果；如果输入错误的用户名和密码，会看到如图 1-4-13 所示的效果；如果数据库连接错误，会出现如图 1-4-14 所示的效果。

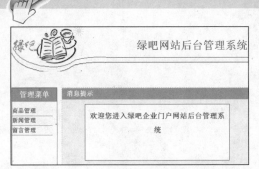

图1-4-12　登录正确网页效果图

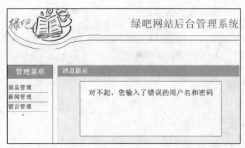

图1-4-13　登录错误网页效果图

图1-4-14　数据库连接错误效果图

任务实施

1. 任务单

本次任务的任务清单见表1-4-4。

表1-4-4　任务四的任务清单

序　号	任　务	功 能 描 述
1	bk_news_upload.html	包含一个接收新闻信息的表单，该表单将把数据提交给一个路径是"/newsupload"的Servlet
2	NewsUploadServlet.java	用来处理新闻上传表单的Servlet，主要功能是将表单中的数据"取"出来，写入数据库，并将执行的结果显示在消息页面
3	bk_msg.jsp	用来显示新闻提交是否成功的相关信息（已完成了该文件的创建，内容参考代码1-4-6）

2. 实施步骤

步骤一　在项目GreenBar下添加一个HTML文件bk_news_upload.html，代码如下所示。

********************** 代码1-4-8　bk_news_upload.html **********************

```
1  <!DOCTYPE html PUBLIC "-//W3C//DTD XHTML 1.0 Transitional//EN"
2  "http://www.w3.org/TR/xhtml1/DTD/xhtml1-transitional.dtd">
3  <html xmlns="http://www.w3.org/1999/xhtml">
4  <head>
5  <meta http-equiv="Content-Type" content="text/html; charset=utf-8" />
6  <title>无标题文档</title>
7  <link href="styles/bk.css" rel="stylesheet" type="text/css" />
8  <script language="javascript" type="text/javascript">
```

```
9     function change(index){
10        var ulmain=document.getElementById("maintype");
11        var ulsub=ulmain.getElementsByTagName("ul")[index];
12        if (ulsub.style.display == ")
13            ulsub.style.display = 'none';
14        else
15            ulsub.style.display = ';
16    }
17    </script>
18    </head>
19    <body>
20    <div id="container">
21        <h1>绿吧网站后台管理系统</h1>
22      <div id="head">
23          <ul>
24          <li><a href="bk_login.jsp" >登录</a></li>
25          <li>|</li>
26          <li><a href="bk_exit.jsp">退出</a></li>
27          </ul>
28      </div>
29          <div id="main">
30              <div id="left">
31                      <span class="ptype">管理菜单</span>
32                      <ul id="maintype">
33                          <li><a href="#" class="M" onclick="change(0)">商品管理</a>
34                              <ul class="subtype" style="display: none; ">
35                              <li><a href="bk_p_upload.jsp">发布新商品</a></li>
36                              <li><a href="bk_p_push.jsp">商品推荐</a></li>
37                              <li><a href="bk_p_modify.jsp">商品维护</a></li>
38                              </ul>
39                          </li>
40                          <li><a href="#" class="M" onclick="change(1)">新闻管理</a>
41                              <ul class="subtype" style="display: none; ">
42                          <li><a href="bk_news_upload.jsp" class="now">发布新闻</a></li>
43                              <li><a href="bk_news_modify.jsp">新闻维护</a></li>
44                              </ul>
45                          </li>
46                          <li><a href="#" class="M" onclick="change(2)">留言管理 </a>
47                              <ul class="subtype" style="display: none; ">
48                              <li><a href="bk_reword.jsp">留言回复</a></li>
49                              <li><a href="bk_getemail.jsp">email 列表</a></li></ul>
50                          </li>
51                      </ul>
52              </div><!--left-->
53              <div id="right">
54                      <h2>发布新闻</h2>
55                  <form id="content" name="registerform" action="newsupload">
56                      <ul class="inputul">
57                          <li class="txtregister">标题:</li>
58                          <li class="longinputregister">
59                              <input   type="text" name="txttitle" /><h6>*</h6></li>
60                          <li class="txtregister">类型:</li>
61                          <li class="inputregister">
62                              <select   name="seltype">
63                                  <option value="1">行业动态</option>
64                                  <option value="2">企业活动</option>
65                              </select><h6>*</h6></li>
66                          <li class="txtregister">是否原创:</li>
67                          <li class="inputregister">
68                              <select   name="selcopyright">
```

```
69                      <option value="1">是</option>
70                      <option value="0">否</option>
71                    </select><h6>*</h6></li>
72                  <li class="txtregister">来源:</li>
73                  <li class="longinputregister">
74                        <input   type="text"   name="txtsource"/></li>
75                  <li class="txtregister">作者:</li>
76            <li class="inputregister"><input   type="text" name="txtauthor" /></li>
77                  <li class="txtregister">图片:</li>
78              <li class="imgtxt"><input name="file" type="file" size="15" /></li>
79                      <li class="txtregister">内容:</li>
80                  <li class="content">
81                      <textarea name="tcontent"    ></textarea>
82                      <h6>*</h6></li>
83        <li class="registerok"><input name="" type="submit" value="新闻提交" /></li>
84                          </ul>
85                      </form>
86                  </div><!--right-->
87      </div><!--main-->
88    </div><!--container-->
89  </body>
90  </html>
```

****

步骤二　在项目 GreenBar 下添加一个 Servlet 类——NewsUploadServlet，该类位于包 servlets 中，别名为 newsupload，路径映射为 "/newsupload"，该类代码如下所示。

********************* 代码 1-4-9　NewsUploadServlet.java ***********************

```
1   package servlets;
2   import java.io.IOException;
3   import java.io.PrintWriter;
4   import java.net.URLEncoder;
5   import javax.servlet.ServletException;
6   import javax.servlet.http.HttpServlet;
7   import javax.servlet.http.HttpServletRequest;
8   import javax.servlet.http.HttpServletResponse;
9   import java.sql.Connection;
10  import java.sql.DriverManager;
11  import java.sql.ResultSet;
12  import java.sql.Statement;
13  import java.text.*;
14  public class NewsUploadServlet extends HttpServlet {
15      public void doGet(HttpServletRequest request, HttpServletResponse response)
16      throws ServletException, IOException {
17          response.setContentType("text/html;charset=utf-8");
18          PrintWriter out = response.getWriter();
19          //获得用户的输入
20          String title=_____ ;//得到表单中输入的新闻标题
21          title=new String(title.getBytes("iso-8859-1"),"utf-8") ;
22          String content=_____ ;//得到表单中输入的新闻内容
23          content=new String(content.getBytes("iso-8859-1"),"utf-8") ;
24          SimpleDateFormat f=new SimpleDateFormat("yyyy-MM-dd hh:mm:ss");
25          String pubtime=f.format(new java.util.Date());
26          String ifcopyright =_____ ;//得到表单中输入的是否是原创
27          String source    =_____ ;//得到表单中输入的新闻来源
28          source=(source==null)?"":new String(source.getBytes("iso-8859-1"),"utf-8") ;
29          String author    =_____ ;//得到表单中输入的作者
30          author=(author==null)?"":new String(author.getBytes("iso-8859-1"),"utf-8") ;
31          String typeid =_____ ;//得到表单中输入的新闻类型
32          String pic=_____ ;//得到表单中输入的图片路径
```

```
33              pic=pic.substring(pic.lastIndexOf("\\")+1);
34              //连接数据库，执行数据的更新
35          Connection cn;
36              Statement st;
37              String driver="org.gjt.mm.mysql.Driver";
38              String username="root";
39      String password="_____";//读者在此处输入本地 MySQL 数据库 root 用户的密码
40      //读者在第 41 行输入你所使用的数据库名
41      String url="jdbc:mysql://localhost/_____?characterEncoding=utf-8";
42          String msg="";
43          try{
44              System.out.println("正在连接数据库...");
91              _____//加载驱动
92              _____//建立连接
93          System.out.println("已经连接到数据库");
45              _____//创建查询执行对象
46              String sql="insert into news"+
47          " (title,content, ifcopyright,source,author,typeid,pic)"+
48          "values(' "+          //读者输入的时候把空格去掉
49              title+" ' , ' "+    //读者输入的时候把空格去掉
50              content+" ' , ' "+  //读者输入的时候把空格去掉
51              pubtime+" ' , "+    //读者输入的时候把空格去掉
52          ifcopyright+", ' "+    //读者输入的时候把空格去掉
53              source+" ' , ' "+   //读者输入的时候把空格去掉
54              author+" ' , "+     //读者输入的时候把空格去掉
55              typeid+", ' "+      //读者输入的时候把空格去掉
56              pic+" ')";          //读者输入的时候把空格去掉
57              System.out.println(sql);
58              int count=_____;//执行查询，得到结果
59              //判断新闻发布是否成功
60              if(count>0){
61                  msg=URLEncoder.encode("新闻发布成功 ","utf-8");
62              }else{
63                  msg=URLEncoder.encode("新闻发布失败 ","utf-8");
64              }
65              stmt.close();//关闭对象
66              cn.close();
67          }catch(Exception e){
68              System.out.println("出现的异常为"+e);
69              msg=URLEncoder.encode("对不起，数据错误","utf-8");
70          }
71          response._____ ("bk_msg.jsp?msg="+msg);
72      }
73      public void doPost(HttpServletRequest request, HttpServletResponse response)
74          throws ServletException, IOException {
75          doGet(request,response);
76      }
77  }
```

****

➥ 【操作提示】

1）从表 1-4-2 中挑选合适的方法完成第 20～32 行的代码。

2）根据 JDBC 技术要点完成第 39～58 行的代码。

3）从表 1-4-3 中挑选合适的方法完成第 71 行的代码。

运行 GreenBar 项目，在地址栏中输入"http://localhost:8080/GreenBar/bk_news_upload.html"，在出现的表单中输入如图 1-4-15 所示的内容，单击"新闻提交"按钮会看到如图 1-4-16 所示效果。查看 MySQL 数据库，可以检测到最新添加的数据行。

图 1-4-15　填写新闻表单效果图　　　　图 1-4-16　新闻发布正确效果图

自我评价

评分项目	评分标准	分值	得分
知识要求	理解后台登录和新闻发布的业务需求	10	
	知道 Servlet 的基本规范和结构	10	
	知道 doGet 和 doPost 方法的作用	10	
	会使用 request 获取参数	10	
	会使用 response 获得输出对象、实现页面跳转	10	
操作要求	能完成两个演示的代码调试	20	
	能完成后台新闻发布功能	30	
合　计		100	

思考与练习

一、简答题

1. 你认为 Servlet 是什么？
2. 你认为 Servlet 和 JSP 是什么关系？
3. doPost 和 doGet 方法有什么异同？
4. 利用 request 如何取表单中的参数？
5. 利用 response 如何实现页面的跳转？
6. 配置 Servlet 的路径映射有何作用？

二、代码改错题

1. 下面 web.xml 文件对 Servlet 的配置错在哪里？

```
1  <servlet>
2      <servlet-name>aaa</servlet-name>
3      <servlet-class>servlets.AAAServlet</servlet-class>
4  </servlet>
5  <servlet-mapping>
6      <servlet-name> AAAServlet </servlet-name>
7      <url-pattern>/AAA</url-pattern>
8  </servlet-mapping>
```

2. 如下 Servlet 中连接数据库的代码有 5 处错误，请指出这些错误。

```
1   //连接数据库，执行用户和密码的查询
2       Connection cn;
3           Statement st;
4           String driver="org.git.mm.mysql.Driver";
5       String url="jdbc.mysql://localhost/greenbar?characterEncoding=utf-8";
6           try{
7       System.out.println("正在连接数据库...");
8       Class.forName(driver).newInstance ();//加载驱动
9       cn=DriverManager.getConnection(url);//建立连接
10          System.out.println("已经连接到数据库");
11      Statement stmt=cn.createStatement();//创建查询执行对象
12          String sql="select * from admins";
13      System.out.println(sql);
14      ResultSet rs=stmt.executeUpdate(sql);
15  String username=rs.getString("username");
```

三、操作题

模仿本次任务的实施步骤，为后台管理功能添加一个产品发布页面（填写产品信息的页面效果图参考图 1-4-17），并设计 Servlet 实现产品信息的数据库存储。

图 1-4-17　产品发布页面效果图

任务五　实现新闻的图片上传

➥ **学习目标**

➢ 了解图片上传的基本过程。

➢ 了解使用第三方组件的基本步骤。

➢ 知道 Apache 的 common-fileupload 的常用对象及方法的作用。

➢ 会使用文件上传组件完成图片的上传。

 任务描述

任务四完成了新闻文本信息的发布功能，但是没有实现图片的上传。本次任务要求在任务四的基础上完成图片的上传功能。当用户在图 1-5-1 中单击"新闻提交"按钮之后，

用户在文件域中选择的图片将被上传到网站根目录下的 images/news 文件夹下。

图 1-5-1　任务五效果图

 任务分析与相关知识

1. 图片上传原理

图片上传是指客户端通过 Web 应用程序将本地图片资源传输到服务器上。在客户端需要显示图片时，服务器端将图片通过网络以流的形式发送给客户端，然后利用不同的形式显示图片。目前很多 Web 网站都提供了文件上传和下载功能。图片上传和读取显示是文件上传技术中的一种，两者的原理一致，都是将文件以二进制流的形式通过网络传输给服务器并存储在服务器上。

图片的上传一般有两种存储形式：

1）磁盘存储。将上传的图片以文件形式存储在服务器指定的磁盘上。

2）数据库存储。将上传的图片存储在数据库服务器中（数据库一般提供存储图片的数据类型）。

这两种存储方式各有利弊。利用数据库来存储这些资源会导致数据库的处理效率降低，但相对安全。利用磁盘来存储图片资源安全性相对来说比较低，但不会影响到处理的效率。

本书采用第一种磁盘存储的方式来处理图片的上传，其基本原理如图 1-5-2 所示。

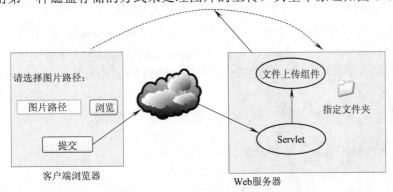

图 1-5-2　图片上传原理

2. 文件上传组件介绍

文件上传组件是一些开源组织发布的针对实现文件上传功能的一组 class 文件。目前比较流行的组件是 jspSmartUpload 和 Apache 的 common-fileupload。这两个组件都可以在 JSP 中实现文件上传。图片也是一种文件，所以本书将使用 Apache 的 common-fileupload 组件实现图片上传。

common-fileupload 组件是 Apache 的开源项目之一。用该组件可实现一次上传一个或多个文件，并可限制文件大小。读者可以从 http://jakarta.apache.org/commons/ fileupload/ 下载到该组件。该组件的核心类见表 1-5-1。

表 1-5-1　common-fileupload 的核心类列表

方　法　名	说　　　明
DiskFileUpload	DiskFileUpload 是 Apache 文件上传组件的核心类，应用程序开发人员通过这个类来与 Apache 文件上传组件进行交互，它包含几个常用的方法： 1）setSizeMax 方法用于设置请求消息实体内容的最大允许大小，以防止客户端故意通过上传特大的文件来塞满服务器端的存储空间 2）isMultipartContent 方法用于判断请求消息中的内容是否是 "multipart/form-data" 类型，是则返回 true，否则返回 false。isMultipartContent 方法是一个静态方法 3）parseRequest 方法解析出 form 表单中的每个字段的数据，并将它们分别包装成独立的 FileItem 对象，然后将这些 FileItem 对象加入进一个 List 类型的集合对象中返回 4）setHeaderEncoding 方法用于设置转换时所使用的字符集编码
FileItem	用来封装单个表单字段元素的数据，一个表单字段元素对应一个 FileItem 对象，通过调用 FileItem 对象的方法可以获得相关表单字段元素的数据
FileUploadException	在文件上传过程中，可能发生各种各样的异常，如网络中断、数据丢失等。为了对不同异常进行适当的处理，Apache 文件上传组件还开发了 4 个异常类，其中 FileUploadException 是其他异常类的父类，其他几个类只是被间接调用的底层类，对于 Apache 组件调用人员来说，只需对 FileUploadException 异常类进行捕获和处理即可

演示　使用 common-fileupload 组件实现图片的上传。

1）将从网上下载的 common-fileupload 组件中的类包，复制到 Hello 网站根目录下的 WEB-INF\lib 下，如图 1-5-3 所示。

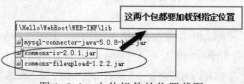

图 1-5-3　上传组件的位置截图

2）在 Hello 网站根目录下添加一个 HTML 文件 testSelectPhoto.html。

*********************** 代码 1-5-1　testSelectPhoto.html ***********************

```
1   <!DOCTYPE HTML PUBLIC "-//W3C//DTD HTML 4.01 Transitional//EN">
2   <html>
3   <head>
4   <meta http-equiv="Content-Type" content="text/html; charset=utf-8" />
5   <title>请选择上传的图片</title></head>
6   <body>
7   <table border="0" align="center" cellpadding="0" cellspacing="0">
8   <tr>
9   <td height="45" align="center" valign="middle">
10  <form action="uploadphoto" method="post"
11      enctype="multipart/form-data" name="form1">
12  请输入文件名<input type="text" name="fname"><br />
13  请选择图片<input type="file" name="file"><br />
14  <input type="submit" name="Submit" value="上传"><br/>
15  </form></td>
16  </tr>
```

```
17    </table>
18    </body>
19    </html>
```

****

****测试 testSelectPhoto.html 的效果，如图 1-5-4 所示。

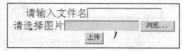

图 1-5-4　testSelectPhoto.html 页面效果图

3）在 Hello 网站下添加一个 Servlet 文件 UploadPhoto，该 Servlet 的别名是 uploadphoto，路径映射是/uploadphoto，该类被放置在 servlets 包中，代码如下所示。

************************ 代码 1-5-2　UploadPhoto.java ************************

```java
1    package servlets;
2    import org.apache.commons.fileupload.*;
3    import org.apache.commons.fileupload.servlet.*;
4    import org.apache.commons.fileupload.disk.*;
5    import java.util.* ;
6    import java.io.File;
7    import java.io.IOException;
8    import java.io.PrintWriter;
9    import javax.servlet.ServletException;
10   import javax.servlet.http.HttpServlet;
11   import javax.servlet.http.HttpServletRequest;
12   import javax.servlet.http.HttpServletResponse;
13   public class UploadPhoto extends HttpServlet {
14       public void doGet(HttpServletRequest request, HttpServletResponse response)
15       throws ServletException, IOException {
16           //设置网页编码 统一都为 utf-8
17           response.setContentType("text/html;charset=utf-8");
18           request.setCharacterEncoding("utf-8");
19           //得到输出对象
20           PrintWriter out=response.getWriter();
21           String savedirstr="";
22           //要把图片放到网站根目录下的 images 文件夹下的 news 下
23           String targetstr="images\\news\\";
24           savedirstr=this.getServletContext().getRealPath("/");
25           System.out.println(savedirstr);
26           savedirstr=savedirstr+targetstr;
27           System.out.println(savedirstr);
28           //如果上传路径不存在，则创建该路径
29           File savedir=new File(savedirstr);
30           if (!savedir.exists()){
31               savedir.mkdirs();
32           }
33           //利用组件 fileupload 处理表单信息
34           try {
35           //检查输入请求是否为 multipart 表单数据
36               boolean isMultipart = ServletFileUpload.isMultipartContent(request);
37               if (isMultipart == true) {
38                   //为该请求创建一个 DiskFileItemFactory 对象，通过它来解析请求
39                   //执行解析后，所有的表单项目都保存在一个 List 中
40                   DiskFileItemFactory factory = new DiskFileItemFactory();
41                   //设置缓冲区的位置 c:\\temp\\buffer\\
42                   File tempPathFile = new File("c:\\temp\\buffer\\");
43                   if (!tempPathFile.exists()) {
44                       tempPathFile.mkdirs();
```

63

```
45              }
46          // 设置缓冲区大小，这里是 4KB
47          factory.setSizeThreshold(4096);
48          ServletFileUpload upload = new ServletFileUpload(factory);
49          // 设置最大文件尺寸，这里是 4MB
50          upload.setSizeMax(4194304);
51          //设置编码格式
52          upload.setHeaderEncoding("utf-8");
53          List <FileItem>   items;
54          //从请求中解析出所有的数据项以 FileItem 形式存储
55           items = upload.parseRequest(request);
56          Iterator<FileItem> itr = items.iterator();
57          String newfilename="";
58          while (itr.hasNext()) {
59              FileItem item = (FileItem) itr.next();
60              //如果是普通表单域
61              if (item.isFormField()) {
62                  String fieldName = item.getFieldName();
63                  //取文本框内容
64                  if(fieldName.equals("fname"))
65                      newfilename=item.getString("utf-8");
66              }
67              else {//如果是文件类型
68                      String type=item.getContentType();//得到文件类型
69                      long size=item.getSize();//得到文件大小
70              //得到本地文件的完整路径
71                  String fileName = item.getName();
72                  if(type==null){
73                  String msg="<script language=\"javascript\">
74              alert(\"请先选择要上传的文件\");
75                  window.location=\"testSelectPhoto.html\";</script>";
76                          out.println(msg);
77                  }
78                  else if(size ==0){
79                          String msg="<script language=\"javascript\">
80                          alert(\"选择了空文件！\");
81                      window.location=\"testSelectPhoto.html\";</script>";
82                          out.println(msg);
83                  }
84                  else if(!type.equals("image/pjpeg")
85              && !type.equals("image/jpeg")
86              && !type.equals("image/gif")){
87                  String msg="<script language=\"javascript\">
88                  alert(\"只能选择 jpg 或者 gif 类型的文件 \");
89                   window.location=\"testSelectPhoto.html\";    </script>";
90                          out.println(msg);
91                  }
92                  else if(size>4*1024*1024){
93                          String msg="<script language=\"javascript\">
94                          alert(\"图片大小应该小于 4M \");
95                      window.location=\"testSelectPhoto.html\";    </script>";
96                          out.println(msg);
97                  }
98                  else {//这里是上传的核心代码
99                  fileName=newfilename+
100                 fileName.substring(fileName.lastIndexOf("."));
101                 File saveurl = new File(savedir, fileName);
102             System.out.println(saveurl.getAbsolutePath());
103                 item.write(saveurl);
104         out.print("<img src=\"" + saveurl.getAbsolutePath() + "\"><br/>");
```

```
105                              }
106                          }
107                      }//循环取表单数据完成
108                  }
109              else {
110                  String msg="<script language=\"javascript\">
111                  alert(\"表单类型错误\");
112                  window.location=\"testSelectPhoto.html\";</script>";
113                          out.println(msg);
114              }
115          } catch (Exception e) {
116                          e.printStackTrace();
117          }
118      }
119      public void doPost(HttpServletRequest request, HttpServletResponse response)
120          throws ServletException, IOException {
121              doGet(request,response);
122      }
123 }
```

****

运行 Hello 网站项目，在 testSelectPhoto.html 的表单中输入如图 1-5-5 所示的内容，单击"上传"按钮之后，网页会显示上传成功的图片，并在网站运行的根目录下出现刚刚上传的图片文件，如图 1-5-6 所示。

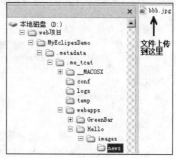

图 1-5-5　testSelectPhoto.html 页面效果图　　　　图 1-5-6　上传成功之后图片路径

任务实施

1. 任务单

本次任务的任务清单见表 1-5-2。

表 1-5-2　任务五的任务清单

序　号	任　务	功　能　描　述
1	bk_news_upload.html	包含一个接收新闻信息的表单（带文件传送的），该表单将把数据提交给一个路径是 newsupload2 的 Servlet
2	NewsUploadServlet2.java	用来处理新闻上传表单的 Servlet，主要功能是将表单中的数据（包含图片）"取"出来，写入数据库，并将执行的结果显示在消息页面
3	bk_msg.jsp	用来显示新闻提交是否成功的相关信息（已完成了该文件的创建，内容参考任务四的代码 1-4-6）

2. 实施步骤

步骤一　打开 GreenBar 下的 bk_news_upload.html，搜索代码到 form 表单定义的地方，

将原有的 form 表单的定义修改为如下所示的代码。

```
<form id="content"  action="newsupload2" method="post" enctype="multipart/form-data" name="form1">
```

步骤二　在项目 GreenBar 下添加一个 Servlet 文件 NewsUploadServlet2，该 Servlet 的别名是 newsupload2，路经映射是/newsupload2，该类被放置在 servlets 包中，代码如下所示。

****************** 代码 1-5-3　NewsUploadServlet2.java ************************

```java
1    package servlets;
2    import java.io.File;
3    import java.io.IOException;
4    import java.io.PrintWriter;
5    import java.net.URLEncoder;
6    import java.sql.*;
7    import java.text.SimpleDateFormat;
8    import java.util.Iterator;
9    import java.util.List;
10   import javax.servlet.ServletException;
11   import javax.servlet.http.HttpServlet;
12   import javax.servlet.http.HttpServletRequest;
13   import javax.servlet.http.HttpServletResponse;
14   import org.apache.commons.fileupload.FileItem;
15   import org.apache.commons.fileupload.disk.DiskFileItemFactory;
16   import org.apache.commons.fileupload.servlet.ServletFileUpload;
17   public class NewsUploadServlet2 extends HttpServlet {
18       public void doGet(HttpServletRequest request, HttpServletResponse response)
19       throws ServletException, IOException {
20           //设置网页编码 统一都为 utf-8
21           response.setContentType("text/html;charset=utf-8");
22           request.setCharacterEncoding("utf-8");
23           //准备连接数据库
24           Connection cn=null;
25             Statement stmt=null;
26             String driver="org.gjt.mm.mysql.Driver";
27             String username="root";
28             String password="root";//读者此处输入本地 MySQL 数据库 root 用户的密码
29             String url="jdbc:mysql://localhost/greenbar?characterEncoding=utf-8";
30             String msg="";
31             String newfilename="";
32           //获取要上传新闻的 id
33             try{
34                     System.out.println("正在连接数据库...");
35                     Class.forName(driver).newInstance ();//加载驱动
36                     cn=DriverManager.getConnection(url,username,password);//建立连接
37                     System.out.println("已经连接到数据库");
38                     stmt=cn.createStatement();//创建查询执行对象
39                     String sql="select max(nid) from news";
40                     ResultSet rs=stmt.executeQuery(sql);//执行查询，得到结果集
41                     newfilename="1";
42                     if(rs.next()){
43                             newfilename=(rs.getInt(1)+1)+"";
44                     }
45                     System.out.println(newfilename);
46             }catch(Exception e){
47                     System.out.println("出现的异常为"+e);
48                     msg=URLEncoder.encode("对不起，数据错误","utf-8");
49                     response.sendRedirect("bk_msg.jsp?msg="+msg);
50             }
51             //得到输出对象
52             PrintWriter out=response.getWriter();
```

```
53              String savedirstr="";
54         //要把图片放到网站根目录下的 images 文件夹下的 news 下
55              String targetstr="images\\news\\";
56              savedirstr= this.getServletContext().getRealPath("/");
57              System.out.println(savedirstr);
58              savedirstr=savedirstr+targetstr;
59         //如果上传路径不存在，则创建该路径
59              File savedir=new File(savedirstr);
61              if (!savedir.exists()){
62                  savedir.mkdirs();
63              }
64         //利用组件 fileupload 处理表单信息
65          try {
66                  boolean isMultipart = ServletFileUpload.isMultipartContent(_____);
67                  System.out.println(isMultipart);
68                  if (isMultipart == true) {
69                      DiskFileItemFactory factory = new DiskFileItemFactory();
70                      //设置缓冲区的位置 c:\\temp\\buffer\\
71                      File tempPathFile = new File("c:\\temp\\buffer\\");
72                      if (!tempPathFile.exists()) {
73                          tempPathFile.mkdirs();
74                      }
75                      // 设置缓冲区大小，这里是 4KB
76                      factory.setSizeThreshold(4096);
77                      ServletFileUpload upload = new ServletFileUpload(factory);
78                      upload.setSizeMax(4*1024*1024);
79                      upload.setSizeMax(4194304);
80                      //设置编码格式
81                      upload.setHeaderEncoding( _____ );
82                      List <FileItem>  items;
83                      items = upload . _____(request);
84                      Iterator<FileItem> itr = items.iterator();
85                      String title="",content="",pubtime="",ifcopyright="",
86                      source="",author="",typeid="",pic="";
87         SimpleDateFormat f=new SimpleDateFormat("yyyy-MM-dd hh:mm:ss");
88                      pubtime=f.format(new java.util.Date());
89                      while (itr._____()) {
90                          FileItem item = (FileItem) itr._____();
91                          //如果是普通表单域
92                          if (item._____()) {
93                              String fieldName = item.getFieldName();
94         //取文本框内容
95                          //取新闻标题
96                      if (_____)
97                          title=item.getString("utf-8");
98                          //取新闻内容
99                      if (_____)
100                         content=item.getString("utf-8");
101                         //取是否原创
102                     if (_____)
103                         ifcopyright=item.getString("utf-8");
104                         //取新闻来源
105                     if (_____)
106                         source=item.getString("utf-8");
107                         //取新闻作者
108                     if (_____)
109                         author=item.getString("utf-8");
110                         //取新闻类型
111                     if (_____)
```

```
112                         typeid=item.getString("utf-8");
113                     }
114                 else {//如果是文件类型
115                         String type=item.getContentType();
116                         long size=item.getSize();
117                     String fileName = item.getName();
118                     if(type==null){
119                         //错误提示
120                     _____
121                         return;
122                     }
123                     else if(size ==0){
124                         //错误提示
125                     _____
126                         return;
127                     }
128                     else if(!type.equals("image/pjpeg") &&
129                     !type.equals("image/jpeg") &&
130                     !type.equals("image/gif")){
131                         //错误提示
132                     _____
133                         return;
134                     }
135                     else if(size>4*1024*1024){
136                         //错误提示
137                     _____
138                         return;
139                     }
140                     else{//这里是上传的核心代码
141         pic=newfilename+fileName.substring(fileName.lastIndexOf("."));
142                         File saveurl = new File(savedir, pic);
143                     _____; //实现上传
144                     }
145                 }
146             }//循环取表单数据完成
147             //连接数据库，执行数据的更新
148             try{
149             String sql="insert into news (title,content, "+
150         "pubtime,ifcopyright,source,author,typeid,pic)values('"+
151                 title+"','"+
152                 content+"','"+
153                 pubtime+"','"+
154                 ifcopyright+",'"+
155                 source+"','"+
156                 author+"','"+
157                 typeid+"','"+
158                 pic+"')";
159                 System.out.println(sql);
160                 int count=stmt.executeUpdate(sql);//执行查询，得到结果
161                 //判断新闻发布是否成功
162                 if(count>0){
163                     msg=URLEncoder.encode("新闻发布成功 ","utf-8");
164                 }else{
165                     msg=URLEncoder.encode("新闻发布失败 ","utf-8");
166             }
167                 stmt.close();//关闭对象
168                 cn.close();
169             }catch(Exception e){
170                 System.out.println("出现的异常为"+e);
```

```
171                          msg=URLEncoder.encode("对不起，数据错误","utf-8");
172                      }
173                      response.sendRedirect("bk_msg.jsp?msg="+msg);
174                  }
175                  else {
176                      //错误提示
177                      _____
178                  }
179              } catch (Exception e) {
180                      e.printStackTrace();
181              }
182          }
183      public void doPost(HttpServletRequest request, HttpServletResponse response)
184              throws ServletException, IOException {
185                  doGet(request,response);
186          }
187  }
```

****

【操作提示】

请模仿代码 1-5-2，完成本次任务实施的编码任务。

运行 GreenBar 网站项目，测试图片是否上传成功。需要注意的一点是，如果选择的是 MyEclipse 自带的 tomcat 服务，而不是外挂的第三方服务器，那么运行中的网站是部署在 MyEclipse 自带的 tomcat 软件环境中的。

 自我评价

评分项目	评分标准	分值	得分
知识要求	理解图片上传的基本原理	10	
	知道 common-fileupload 的使用步骤	10	
	会根据文件上传需要设置 form 的属性	10	
	理解服务器的部署路径	10	
操作要求	能上传一个至多个文件，并设置约束条件	30	
	能完成新闻数据发布的全部代码，并完成调试	30	
合　计		100	

 思考与练习

一、选择题

1. 用于文件传送的 form 表单中的 enctype 属性应该等于（　　　）。

A. application/x-www-form-urlencoded

B. multipart/form-data

C. text/plain

D. 不需要设置，采用默认值

2．用于文件上传的组件在 Web 项目中的物理位置在（　　　）。

A．Web 项目的 webRoot 下

B．Web 项目的 src 下

C．Web 项目的 WEB-INF 下的 lib 下

D．Web 项目的 WEB-INF 下的 classes 下

3．common-fileupload 组件中的 ServletFileUpload 是用来实现文件上传的核心类，该类的 parseRequest 方法用来对请求对象中的参数进行解析，解析的结果的返回类型是（　　　）。

A．返回 FileItem 类型的数据项

B．返回一个集合

C．返回一个字符串

D．返回一个数组

4．File 类用于创建文件夹的方法是（　　　）。

A．makePath　　　　　　B．mackdirs

C．mkdirs　　　　　　　D．mkpath

二、简答题

1．简单表述文件上传的过程。

2．简单罗列 FileItem 的常用方法及其作用。

三、操作题

模仿本次任务，为绿吧门户网站后台实现产品发布功能（要求实现多张产品图片上传），效果如图 1-5-7、图 1-5-8 所示。

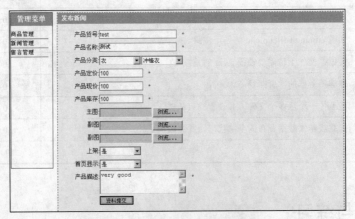

图 1-5-7　产品发布页面效果截图

图 1-5-8　产品发布成功之后效果截图

任务六　实现富文本新闻的发布

学习目标
- 了解富文本的本质。
- 会使用第三方组件 FCKeditor 2.6 实现富文本的发布与读取。
- 使用富文本实现新闻内容的上传。

71

任务描述

　　任务四实现的新闻发布功能，对新闻内容的处理过于简单。如图 1-6-1 所示是网络上常见的新闻格式，其内容中有段落的区分、不同功能的文字需要不同的字体，图片与文字设定了一定的对齐方式，有的新闻中还需要设置一些超级链接文字。

新疆阿勒泰学生缺衣御寒难耐-40℃ 孩子被冻哭

2011年11月30日00:17　亚心网　郭志勇　我要评论(709)　　　字号：т | T

图为当地的孩子们穿着单薄的衣服步行回家。

　　亚心网讯（文/记者 郭志勇 图/波塔库孜老师提供）天气一天天转冷，对于阿勒泰地区的两名小学生阿娜尔和玛依努尔来说，冬天是可怕的。家住青河县的阿娜尔畏惧的是-40℃的极寒天气，家住吉木乃县的玛依努尔惧怕的是"闹海风"。因为家境贫寒，她俩没有足以御寒的冬衣，为此，她们向社会求助。

　　11月25日，记者看到了自治区团委青基会转来的阿娜尔和玛依努尔写的求助信："虽然，上

图 1-6-1　新闻格式范例

　　如果用简单的文本域控件来编写新闻内容，要考虑到新闻的格式问题，是比较困难的。所以一般的新闻编辑都采用富文本编辑器来编写要发表的新闻内容。本次任务要求使用 FCKeditor 2.6 实现富文本信息的发布，如图 1-6-2 所示。

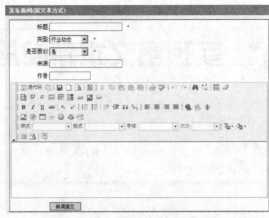

图 1-6-2　发布富文本新闻界面

任务分析与相关知识

1. 富文本编辑器简介

富文本编辑器（Rich Text Editor，RTE）提供类似于 Microsoft Word 的编辑功能，用户利用所见即所得的编辑环境设置好文本的各种格式，直接提交，提交后的文档内容实际上就是带格式的文档。这些文档存储在数据库中，需要的时候取出来交给浏览器，浏览器可以解析文档中的 HTML 标签，将文档恢复为提交时候的原文格式。

不同的富文本编辑器可能因为标准的不同在不同的浏览器有不同的表现，相对而言，IE 浏览器对它的支持要更完善一些。虽然没有一个统一的标准，但对于最基本的功能，各浏览器提供的 API 基本一致，从而使编写一个跨浏览器的富文本编辑器成为可能。目前，JSP 网站中使用最多的富文本编辑器之一就是 FCKeditor。

FCKeditor 是一个专门使用在网页上属于开放源代码的所见即所得的文字编辑器，它不需要太复杂的安装步骤即可使用。它可以和 PHP、JavaScript、ASP、ASP.NET、ColdFusion、Java 以及 ABAP 等不同的编程语言相结合。"FCKeditor"名称中的"FCK"是这个编辑器作者的名字 Frederico Caldeira Knabben 的缩写。FCKeditor 相容于绝大部分的网页浏览器，如 Internet Explorer 5.5 +（Windows）、Mozilla Firefox 1.0+、Mozilla 1.3+和 Netscape 7+。在未来的版本也将会加入对 Opera 的支持。

2. FCKeditor 2.6 for JSP 用法演示

1）到网站上利用搜索引擎下载 FCKeditor-java-2.3.jar 和 FCKeditor 2.6，其中 FCKeditor-java-2.3.jar 主要提供基本应用所需要的 API，FCKeditor 2.6 为 JSP 应用提供必要的环境配置。如果读者下载到更新的版本，可以参考相关的帮助文档学习应用技巧。

2）打开 Hello 项目，在项目的根目录下（也就是 WebRoot 下）新建文件夹 FCKeditor，然后将解压后的 FCKeditor 2.6 下的 fckeditor 文件夹里面的 editor、fckconfig.js、fckeditor.js、fckstyles.xml、fcktemplates.xml 复制到 FCKeditor 目录下，如图 1-6-3 所示。

图 1-6-3　FCKeditor 内容截图

3）将解压后的 FCKeditor-2.3 文件夹中 Web/WEB-INF/lib 下的包复制到 Hello 项目对应 web 路径中的 lib 下，如图 1-6-4 所示。

4）将 FCKeditor-2.3 解压缩以后，将其目录下的标签库文件 FCKeditor.tld 复制到 Hello 项目的 WebRoot\WEB-INF 下，如图 1-6-5 所示。

图 1-6-4　库文件配置截图

图 1-6-5　标签库文件配置截图

5）修改 Hello 项目的配置文件：WEB-INF 下的 web.xml。web.xml 文件如同 HTML 文件一样都是标签组成的，而且都是成对的标签，在现有的 web.xml 中读者会发现<servlet>…</servlet>标签，它们是用来给 Servlet 配置别名的，还有<servlet-mapping>…</servlet-mapping>标签，它们是用来给 Servlet 配置路径的，实现的效果与之前用 Servlet 创建向导配置的别名和路径是一样的。现在在 Hello 的 web.xml 中最后一个<servlet>…</servlet>标签之后添加如下标签内容。

*********************** 代码 1-6-1　web.xml 添加的内容 ***********************

```
1   <servlet>
2           <servlet-name>Connector</servlet-name>
3           <servlet-class>com.fredck.FCKeditor.connector.ConnectorServlet</servlet-class>
4           <init-param>
5                   <param-name>baseDir</param-name>
6                   <param-value>/UserFiles/</param-value>
7           </init-param>
8           <init-param>
9                   <param-name>debug</param-name>
10                  <param-value>true</param-value>
11          </init-param>
12          <load-on-startup>1</load-on-startup>
13      </servlet>
14      <servlet>
15          <servlet-name>SimpleUploader</servlet-name>
16          <servlet-class>
17                  com.fredck.FCKeditor.uploader.SimpleUploaderServlet
18          </servlet-class>
19          <init-param>
20                  <param-name>baseDir</param-name>
21                  <param-value>/UserFiles/</param-value>
22          </init-param>
23          <init-param>
24                  <param-name>debug</param-name>
25                  <param-value>true</param-value>
26          </init-param>
27          <init-param>
28                  <param-name>enabled</param-name>
29                  <param-value>true</param-value>
30          </init-param>
31          <init-param>
32                  <param-name>AllowedExtensionsFile</param-name>
33                  <param-value></param-value>
34          </init-param>
35          <init-param>
36                  <param-name>DeniedExtensionsFile</param-name>
```

```
37          <param-value>
38              php|php3|php5|phtml|asp|aspx|ascx|jsp|cfm|cfc|pl|bat|exe|dll|reg|cgi
39          </param-value>
40        </init-param>
41        <init-param>
42          <param-name>AllowedExtensionsImage</param-name>
43          <param-value>jpg|gif|jpeg|png|bmp</param-value>
44        </init-param>
45        <init-param>
46          <param-name>DeniedExtensionsImage</param-name>
47          <param-value></param-value>
48        </init-param>
49        <init-param>
50          <param-name>AllowedExtensionsFlash</param-name>
51          <param-value>swf|fla</param-value>
52        </init-param>
53        <init-param>
54          <param-name>DeniedExtensionsFlash</param-name>
55          <param-value></param-value>
56        </init-param>
57        <load-on-startup>1</load-on-startup>
58      </servlet>
59  <servlet-mapping>
60      <servlet-name>Connector</servlet-name>
61      <url-pattern>
62        /FCKeditor/editor/filemanager/browser/default/connectors/jsp/connector
63      </url-pattern>
64  </servlet-mapping>
65  <servlet-mapping>
66      <servlet-name>SimpleUploader</servlet-name>
67      <url-pattern>/FCKeditor/editor/filemanager/upload/simpleuploader</url-pattern>
68  </servlet-mapping>
```

****

6）修改第 2 步创建的 FCKeditor 文件夹下的 fckeditor.js，修改第 50 行的 FCKeditor.BasePath 参数，修改之后如下所示。

```
FCKeditor.BasePath = 'FCKeditor/' ;
```

7）修改第 2 步创建的 FCKeditor 文件夹下的 fckconfig.js，修改 FCKConfig.DefaultLanguage、FCKConfig.LinkBrowserURL、FCKConfig.ImageBrowserURL 和 FCKConfig.FlashBrowserURL 参数的配置，修改之后的新值如下所示。

**************** 代码 1-6-2　fckconfig.js 相关参数修改之后 ********************

```
FCKConfig.DefaultLanguage     = 'zh-cn' ;

FCKConfig.LinkBrowserURL = FCKConfig.BasePath +
"filemanager/browser/default/browser.html?Connector=connectors/jsp/connector" ;

FCKConfig.ImageBrowserURL = FCKConfig.BasePath +
"filemanager/browser/default/browser.html?Type=Image&Connector=connectors/jsp/connector" ;

FCKConfig.FlashBrowserURL = FCKConfig.BasePath +
"filemanager/browser/default/browser.html?Type=Flash&Connector=connectors/jsp/connector" ;

FCKConfig.LinkUploadURL = FCKConfig.BasePath + 'filemanager/upload/simpleuploader?Type=File' ;

FCKConfig.ImageUploadURL = FCKConfig.BasePath + 'filemanager/upload/simpleuploader?Type=Image' ;

FCKConfig.FlashUploadURL = FCKConfig.BasePath + 'filemanager/upload/simpleuploader?Type=Flash' ;
```

****

8）在 Hello 项目中添加一个 HTML 文件 test1-6-3.html，用来测试 FCKeditor 实现的富文本编辑器的实际效果，其代码如下所示。

************************* 代码 1-6-3　test1-6-3.html *************************

```
1    <!DOCTYPE html PUBLIC "-//W3C//DTD XHTML 1.0 Transitional//EN"
2    "http://www.w3.org/TR/xhtml1/DTD/xhtml1-transitional.dtd">
3    <html xmlns="http://www.w3.org/1999/xhtml">
4    <head>
5    <meta http-equiv="Content-Type" content="text/html; charset=utf-8" />
6    <title>FCKeditor 测试</title>
7    <script type="text/javascript" src="FCKeditor/fckeditor.js"></script>
8    </head>
9    <body>
10   <form id="form1" name="form1" method="post" action="fdo">
11   <table width="100%" border="0">
12   <tr>
13       <td height="25">
14              新闻标题:<input type="text" name="txttitle"/><br/>
15        <textarea name="content" id="content"
16              style="width:100%; height:400px;"></textarea>
17              <script type="text/javascript">
18              var oFCKeditor = new FCKeditor( 'contest' ) ;
19              //oFCKeditor.BasePath = 'FCKeditor/' ;
20              oFCKeditor.ToolbarSet = 'Default' ;
21              oFCKeditor.Width = '600' ;
22              oFCKeditor.Height = '400' ;
23              oFCKeditor.Value = '' ;
24              oFCKeditor.ReplaceTextarea();
25              //oFCKeditor.Create() ;
26              </script><br/>
27        <input type="submit" name="Submit" value="提交" />
28       </td>
29   </tr>
30   </table>
31</form>
32   </body>
33</html>
```
****

9）在 Hello 项目中添加一个 Servlet 文件 FckeditorDo，该 Servlet 的别名是 fdo（与代码 1-6-3 中的第 10 行的 action 属性相呼应），路径映射是/fdo，该文件被放置在 servlets 包中，代码如下所示。

************************* 代码 1-6-4　FckeditorDo.java *************************

```
1    package servlets;
2    import java.io.IOException;
3    import java.io.PrintWriter;
4    import javax.servlet.ServletException;
5    import javax.servlet.http.HttpServlet;
6    import javax.servlet.http.HttpServletRequest;
7    import javax.servlet.http.HttpServletResponse;
8    public class FckeditorDo extends HttpServlet {
9        public void doGet(HttpServletRequest request, HttpServletResponse response)
10       throws ServletException, IOException {
11           response.setContentType("text/html;charset=utf-8");
12           PrintWriter out = response.getWriter();
13           String title =request.getParameter("title");
14           String content =request.getParameter("content");
15           if(title!=null)
```

```
16              title=new String(title.getBytes("ISO8859_1"), "utf-8");
17          if(content!=null)
18              content=new String(content.getBytes("ISO8859_1"), "utf-8");
19          out.print(title);//打印传递过来的新闻标题
20          out.print(content);//打印传递过来的新闻内容
21      }
22      public void doPost(HttpServletRequest request,
23                                          HttpServletResponse response)
24              throws ServletException, IOException {
25              doGet(request,response);
26      }
27}
```

****

运行 Hello 网站，在浏览器中输入"http://magy: 8080/Hello/test1-6-3.html"，出现如图 1-6-6 所示的富文本编辑页面，编写一定的内容后，单击"提交"按钮，出现如图 1-6-7 所示的新闻预览效果。测试中上传的图片被保存到了 Web 服务器中 Hello 对应的根目录下的 UserFiles\Image 文件夹中。

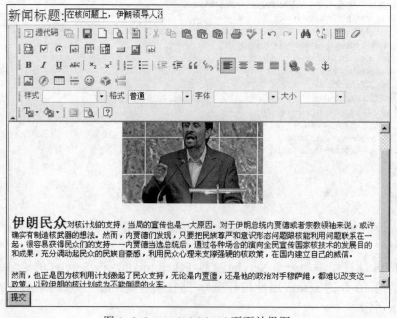

图 1-6-6　test1-6-3.html 页面效果图

图 1-6-7　富文本提交之后网页效果图

 任务实施

1. 任务单

本次任务的任务清单见表 1-6-1。

表 1-6-1　任务六的任务清单

序　号	任　务	功 能 描 述
1	配置富文本编辑器的环境	包含一个接收新闻信息的表单（带文件传送的），该表单将把数据提交给一个路径是 newsupload2 的 Servlet
2	bk_news_upload3.html	在 bk_news_upload.html 基础上，把原来由文本域实现的新闻内容发布改为富文本格式的新闻内容发布
3	NewsUploadServlet3.java	用来处理新闻上传表单的 Servlet，主要功能是将表单中的数据（包含图片）"取"出来，写入数据库，并将执行的结果显示在消息页面
4	bk_msg.jsp	用来显示新闻提交是否成功的相关信息（已完成了该文件的创建，内容参考任务四的代码 1-4-6）

2. 实施步骤

步骤一　配置富文本编辑器的环境，参考任务分析中的演示，为 GreenBar 项目配置富文本的环境，完成如下几个任务：

1）将 Hello 项目根目录 WebRoot 下的 FCKeditor 文件夹复制到 GreenBar 项目的根目录下。

2）将 Hello 项目 WebRoot/WEB-INF/lib 下的包复制到 GreenBar 项目对应 Web 路径中的 lib 下。

3）将 Hello 项目 WebRoot/WEB-INF 下的标签库文件 FCKeditor.tld 复制到 GreenBar 项目的 WebRoot\WEB-INF 下。

4）在 GreenBar 项目的 WEB-INF/web.xml 中搜索最后一组<servlet>…</servlet>标签，在该标签之后，添加代码 1-6-1 的全部内容。

步骤二　在 GreenBar 项目中添加一个 HTML 文件 bk_news_upload3.html，实现富文本新闻表单的填写，其代码如下所示。

*********************** 代码 1-6-5　bk_news_upload3.html ***********************

```
1   <!DOCTYPE html PUBLIC "-//W3C//DTD XHTML 1.0 Transitional//EN"
2   "http://www.w3.org/TR/xhtml1/DTD/xhtml1-transitional.dtd">
3   <html xmlns="http://www.w3.org/1999/xhtml">
4   <head>
5   <meta http-equiv="Content-Type" content="text/html; charset=utf-8" />
6   <title>发布富文本新闻</title>
7   <link href="styles/bk.css" rel="stylesheet" type="text/css" />
8   <script type="text/javascript" src="FCKeditor/fckeditor.js"></script>
9   <script language="JavaScript" type="text/javascript">
10  function change(index){
11      var ulmain=document.getElementById("maintype");
12      var ulsub=ulmain.getElementsByTagName("ul")[index];
13      if (ulsub.style.display == '')
14          ulsub.style.display = 'none';
15      else
16          ulsub.style.display = '';
17  }
18  </script>
```

```
19    <style type="text/css">
20    <!--
21    #right_FCK {
22          float: left;
23          height: auto;
24          width: 680px;
25          margin-top: 20px;
26          background-color: #eeeeee;
27          border: thin dashed #669900;
28    }
29    #content_FCK{
30          margin-top:0px;
31          width:650px;
32          height:auto;
33          margin-left:10px;
34          float: left;
35          padding:2px;
36          background-color: #FFFFFF;
37          border: 1px solid #000000;
38    }
39    ul.inputul{width:650px}
40    ul.inputul li{margin:0px;padding:0px;}
41    ul.inputul li.txtregister{width:100px}
42    ul.inputul li.inputregister,ul.inputul li.longinputregister{
43          width:520px;
44    }
45    ul.inputul li.registerok{
46          width:650px;
47    }
48    ul.inputul li.fckarea{
49          width:650px;
50          height:400px;
51    }
52    -->
53    </style>
54    </head>
55    <body>
56    <div id="container">
57        <h1>绿吧网站后台管理系统</h1>
58      <div id="head">
59          <ul>
60          <li><a href="bk_login.jsp" >登录</a></li>
61          <li>|</li>
62          <li><a href="bk_exit.jsp">退出</a></li>
63          </ul>
64      </div>
65      <div id="main">
66              <div id="left">
67                      <span class="ptype">管理菜单</span>
68                      <ul id="maintype">
69                          <li><a href="#" class="M" onclick="change(0)">商品管理</a>
70                              <ul class="subtype" style="display: none; ">
71                              <li><a href="bk_p_upload.jsp">发布新商品</a></li>
72                              <li><a href="bk_p_push.jsp">商品推荐</a></li>
73                              <li><a href="bk_p_modify.jsp">商品维护</a></li>
74                              </ul>
75                          </li>
76                          <li><a href="#" class="M" onclick="change(1)">新闻管理</a>
77                              <ul class="subtype" style="display: none; ">
78                          <li><a href="bk_news_upload.html" class="now">发布新闻</a></li>
```

```
79                              <li><a href="bk_news_modify.jsp">新闻维护</a></li>
80                          </ul>
81                      </li>
82                  <li><a href="#" class="M" onclick="change(2)">留言管理 </a>
83                      <ul class="subtype" style="display: none; ">
84                      <li><a href="bk_reword.jsp">留言回复</a></li>
85                      <li><a href="bk_getemail.jsp">email 列表</a></li></ul>
86                  </li>
87              </ul>
88          </div><!--left-->
89          <div id="right_FCK">
90    `     <h2>发布新闻(<span class="STYLE2">富文本方式</span>)</h2>
91      <form id="content_FCK"    action="newsupload3" method="post"    name="form1">
92              <ul class="inputul">
93                  <li class="txtregister">标题:</li>
94                  <li class="longinputregister">
95                      <input   type="text" name="txttitle" /><h6>*</h6></li>
96                  <li class="txtregister">类型:</li>
97                  <li class="inputregister">
98                      <select   name="seltype">
99                          <option value="1">行业动态</option>
100                         <option value="2">企业活动</option>
101                     </select><h6>*</h6></li>
102                 <li class="txtregister">是否原创:</li>
103                 <li class="inputregister">
104                     <select   name="selcopyright">
105                         <option value="1">是</option>
106                         <option value="0">否</option>
107                     </select><h6>*</h6></li>
108                 <li class="txtregister">来源:</li>
109                 <li class="longinputregister">
110                     <input   type="text"   name="txtsource"/></li>
111                 <li class="txtregister">作者:</li>
112     <li class="inputregister"><input   type="text" name="txtauthor" /></li>
113                 <li class="fckarea">
114             <!--这里是富文本编辑区 -->
115             _____
116                 <script type="text/javascript">
117             _____
118                 </script>
119             </li>
120             <li class="registerok"><input name="" type="submit"
121                 value="新闻提交" /></li>
122             </ul>
123         </form>
124         </div><!--right-->
125     </div><!--main-->
126     </div><!--container-->
127 </body>
128    </html>
```

****

➤ 【操作提示】

请模仿任务分析中的第 2 点,完成第 115 行、117 行的编码任务

注意 该网页文件中要引用的样式表 bk.css 在任务四中创建,代码参考"代码 1-4-4"。

步骤三 在 GreenBar 项目中添加一个 Servlet 文件 NewsUploadServlet3,该 Servlet 的别名是 newsupload3,路径映射是/newsupload3,该文件被放置在 servlets 包中,代码如下所示。

********************* 代码 1-6-6　NewsUploadServlet3.java *********************

```java
1    package servlets;
2    import java.io.IOException;
3    import java.io.PrintWriter;
4    import java.net.URLEncoder;
5    import javax.servlet.ServletException;
6    import javax.servlet.http.HttpServlet;
7    import javax.servlet.http.HttpServletRequest;
8    import javax.servlet.http.HttpServletResponse;
9    import java.sql.Connection;
10   import java.sql.DriverManager;
11   import java.sql.ResultSet;
12   import java.sql.Statement;
13   import java.text.*;
14   public class NewsUploadServlet3 extends HttpServlet {
15       public void doGet(HttpServletRequest request, HttpServletResponse response)
16       throws ServletException, IOException {
17           response.setContentType("text/html;charset=utf-8");
18           PrintWriter out = response.getWriter();
19           //获得用户的输入
20           String title=_____;
21           title=_____;//编码转化，解决中文乱码问题
22           String content=_____;
23           content=_____;//编码转化，解决中文乱码问题
24           SimpleDateFormat f=new SimpleDateFormat("yyyy-MM-dd hh:mm:ss");
25           String pubtime=f.format(new java.util.Date());
26           String ifcopyright =_____;
27           String source =request.getParameter("txtsource");
28   source=_____;//编码转化，解决中文乱码问题，注意考虑 source 为空的情况
29           String author =request.getParameter("txtauthor");
30   author =_____;//编码转化，解决中文乱码问题，注意考虑 author 为空的情况
31           String typeid= _____;
32           //连接数据库，执行数据的更新
33           Connection cn;
34           Statement st;
35           String driver="org.gjt.mm.mysql.Driver";
36           String username="root";
37           String password="root";//读者此处输入本地 mysql 数据库 root 用户的密码
38           String url="jdbc:mysql://localhost/greenbar?characterEncoding=utf-8";
39           String msg="";
40           try{
41               System.out.println("正在连接数据库...");
42               Class.forName(driver).newInstance ();//加载驱动
43               cn=DriverManager.getConnection(url,username,password);//建立连接
44               System.out.println("已经连接到数据库");
45               Statement stmt=cn.createStatement();//创建查询执行对象
46               String sql=
47   "insert into news (title,content, pubtime,ifcopyright,source,author,typeid)values('"+
48               title+"','"+
49               content+"','"+
50               pubtime+"','"+
51               ifcopyright+"','"+
52               source+"','"+
53               author+"','"+
54               typeid+"')";
55               System.out.println(sql);
56               int count=stmt ._____ (sql);//执行查询，得到结果
57           //判断新闻发布是否成功
58               if(count>0){
59                   msg=URLEncoder.encode("新闻发布成功 ","utf-8");
```

```
60              }else{
61                  msg=URLEncoder.encode("新闻发布失败  ","utf-8");
62              }
63              stmt.close();//关闭对象
64              cn.close();
65          }catch(Exception e){
66              System.out.println("出现的异常为"+e);
67              msg=URLEncoder.encode("对不起，数据错误","utf-8");
68          }
69          response.sendRedirect("bk_msg.jsp?msg="+msg);
70      }
71  public void doPost(HttpServletRequest request, HttpServletResponse response)
72      throws ServletException, IOException {
73          doGet(request,response);
74      }
75  }
```

****

➘ 【操作提示】

回顾任务二所学内容，完成本次编码任务。

运行 GreenBar 网站，在浏览器中输入"http://magy:8080/GreenBar/ bk_news_upload3.html"，测试富文本上传功能。

 自我评价

评分项目	评分标准	分值	得分
知识要求	知道富文本编辑器所获取到的带格式的文本的本质是什么	10	
	知道富文本中上传图片的保存路径	10	
操作要求	能下载到 FCKEditor 相关资源包	10	
	会按照教材所示，配置相关的环境	20	
	能成功地提交和读取表单中的富文本信息	20	
	能完成富文本新闻的发布和存储	30	
合　计		100	

 思考与练习

一、简答题

1. 如下代码实现什么功能？

```
1   <script language="JavaScript" type="text/javascript">
2       function change(){
3           var texts=["衣服","裤子","外套"];
4           // var sel=document.getElementById("sel");
5           for(i=0;i<3;i++){
6               alert(i);
7               var temp=document.createElement("option") ;
8               temp.setAttribute("value",i) ;
9               temp.appendChild(document.createTextNode(texts[i])) ;
10              sel.appendChild(temp);
11          }
12      }
```

```
13          window.onload=change;
14      </script>
15  <select id="sel"></select>
```

2．前面讲过，富文本中的图片会默认存储在网站根目录下的 UserFiles\Image 文件夹中，请问这个路径可以改成其他路径吗？在什么地方改能实现路径的切换呢？

3．本次任务中图片的上传和任务五中的图片上传有什么异同？

4．富文本"富"在哪里？

二、操作题

修改任务四思考与练习中完成的产品信息上传页面，设置"产品描述"内容为富文本信息，效果如图 1-6-8 所示。

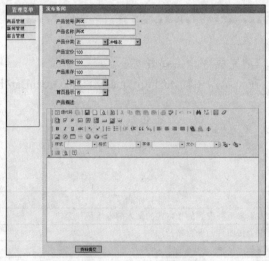

图 1-6-8 发布产品效果图

任务七 实现新闻的数据验证

➡ **学习目标**

➢ 了解表单一般需要什么样的验证。

➢ 了解 JavaScript 操作表单数据的常用方法。

➢ 会使用 JavaScript 对常见的表单数据错误进行简单处理。

➢ 能完成新闻发布前的数据验证。

 任务描述

几乎所有的网站都有让用户填写表单的操作，表单是实现网页与用户之间交流最常用的工具。表单设计的是否符合用户的输入习惯，表单在处理提交问题上是否考虑到用户可能出现的各种各样的问题，并是否采取了措施避免用户出现这些问题，这些都是评价网页的用户体验的基本指标。

任务四到任务六使用表单获取新闻的信息，在提交前没有验证表单中的各项数据是否正确，本次任务要求实现新闻发布前的数据验证，效果如图1-7-1所示。

图1-7-1　新闻数据验证范例

 任务分析与相关知识

1. JavaScript 概述

JavaScript 是一种由 Netscape 的 LiveScript 发展而来的、原型化继承的、面向对象的、动态类型的并区分大小写的客户端脚本语言，主要目的是为了解决服务器端语言，例如 Perl，遗留的速度问题，为客户提供更流畅的浏览效果。当时服务器端需要对数据进行验证，由于网络速度相当缓慢，只有 28.8kbit/s，验证步骤浪费的时间太多。于是 Netscape 的浏览器 Navigator 加入了 JavaScript，提供了数据验证的基本功能。

JavaScript 是一种基于对象和事件驱动并具有相对安全性的客户端脚本语言，同时也是一种广泛用于客户端 Web 开发的脚本语言，常用来给 HTML 网页添加动态功能，比如响应用户的各种操作。它最初由 Netscape 的 Brendan Eich 设计，是一种动态、弱类型、基于原型的语言，内置支持类。JavaScript 是 Sun 公司的注册商标。Ecma 国际以 JavaScript 为基础制定了 ECMAScript 标准。JavaScript 也可以用于其他场合，如服务器端编程。完整的 JavaScript 实现包含 3 个部分：ECMAScript、文档对象模型和字节顺序记号。

JavaScript 的语法结构由运算符、表达式、语句、函数、对象和事件六个部分组成。

（1）运算符

运算符是完成操作的一系列符号，它有 7 类：赋值运算符（ =, +=, -=, *=, /=, %=, <<=, >>=, |=, &=）、算术运算符（+, -, *, /, ++, —, %）、比较运算符（>, <, <=, >=, ==, ===, !=, !==）、逻辑运算符（||, &&, !）、条件运算（? :）、位移运算符（|, &, <<, >>, ~, ^）和字符串运算符（+）。

（2）表达式

运算符和操作数的组合称为表达式，通常分为 4 类：赋值表达式、算术表达式、布尔表达式和字符串表达式。

（3）语句

JavaScript 程序是由若干语句组成的，语句是编写程序的指令。JavaScript 提供了完整的基本编程语句，它们是：赋值语句、switch 选择语句、while 循环语句、for 循环语句、for each 循环语句、do while 循环语句、break 循环中止语句、continue 循环中断语句、with

语句、try…catch 语句和 if 语句（if…else，if…else if …）。

（4）函数

函数是命名的语句段，这个语句段可以被当作一个整体来引用和执行。

1）一般的函数语句格式如下：

```
function myFunction (params){
//执行的语句
}
```

2）函数表达式格式如下：

```
var myFunction=function (params) { //带参数
//执行的语句
}
var myFunction=function ( ) {//不带参数
//执行的语句
}
```

3）函数的调用格式如下：

```
myFunction ( );
```

4）匿名函数（常作为参数在其他函数间传递）如下：

```
window.addEventListener ('load', function () {//执行的语句}, false);
```

使用函数要注意以下几点：

1）函数由关键字 function 定义（也可由 function 构造函数构造）。

2）使用 function 关键字定义的函数在一个作用域内是可以在任意处调用的（包括定义函数的语句前）；而用 var 关键字定义的函数必须定义后才能被调用。

3）函数名是调用函数时引用的名称，它对大小写是敏感的，调用函数时不可写错函数名。

4）参数表示传递给函数使用或操作的值，它可以是常量，也可以是变量，还可以是函数。

5）return 语句用于返回表达式的值。

（5）对象

JavaScript 的一个重要功能就是面向对象的功能，通过基于对象的程序设计，可以用更直观、模块化和可重复使用的方式进行程序开发。一组包含数据的属性和对属性中包含数据进行操作的方法，称为对象。例如，要设定网页的背景颜色，所针对的对象就是 document，所用的属性名是 bgcolor，如 "document.bgcolor="blue""，就是表示使背景的颜色为蓝色。

（6）事件

用户与网页交互时产生的操作，称为事件。事件可以由用户引发，也可能是页面发生改变，甚至还有看不见的事件（如 Ajax 的交互进度改变）。绝大部分事件都由用户的动作所引发，如用户按鼠标的按键，就产生 Click 事件，若鼠标的指针在链接上移动，就产生 mouseover 事件等。在 JavaScript 中，事件往往与事件处理程序配套使用。而对事件的处理，W3C 的方法是用 addEventListener 函数，它有 3 个参数：事件、引发的函数和是否使用事件捕捉。为了安全，建议将第三个参数始终设置为 false。传统的方法是定义元素的 on 事件，它就是 W3C 的方法中的事件参数前加一个 "on"。而 IE 的事件模型使用 attachEvent 和 dettachEvent 对事件进行绑定和删除。JavaScript 中事件还分捕获和冒泡两个阶段，但是传统绑定只支持冒泡事件。

（7）变量

变量定义如 "var myVariable="somevalue""；也就是说变量有它的类型，上例中 myVariable 的类型为 String（字符串）。

JavaScript 支持的常用类型还有：

1）object：对象。

2）array：数组。

3）number：数字。

4）boolean：布尔值，只有 true 和 false 两个值，是所有类型中占用内存最少的。

5）null：一个空值，唯一的值是 null。

6）undefined：没有定义和赋值的变量。

实际上 JavaScript 的变量是弱变量类型，赋值给它的是字符串，它就是 String，赋值给它的是数字，它就是 number。所以在函数的定义中，参数都是不带类型的。

2. 表单元素的常用事件

界面具有交互能力的基本条件之一是它对于用户的某些行为具有响应能力，例如：

1）单击按钮，去检查表单数据。

2）文本框失去焦点，计算公式。

3）修改了不该修改的文本内容，文本框拒绝修改并且报警。

也就是说，表单中的很多控件都能识别到用户的特定行为，即我们说的事件，只有识别了这些行为，才能根据这些行为作出适当的响应。常用的表单事件见表 1-7-1。

表 1-7-1　常用表单事件列表

事件名	事件来源	事件处理代码
Submit（提交表单）	form 表单	onSubmit="..."
KeyUp（按键上） KeyPress（按下按键） KeyDown（按键下）	一般的界面元素都能识别这些事件	onKeyUp="..." onKeyPress="..." onKeyDown="..."
Focus（得到焦点） Blur（失去焦点）	一般的表单域都能识别这些事件	onFocus="..." onBlur="..."
MouseDown（鼠标左键下） MouseUp（鼠标左键上） MouseOver（鼠标进入） MouseMove（鼠标移动） MouseOut（鼠标离开）	一般的界面元素都能识别这些事件	onMouseDown="..." onMouseUp="..." onMouseOver="..." onMouseMove="..." onMouseOut="..."
Select（内容被选择时）	一般的表单域都能识别这些事件	onSelect="..."
Load（加载） Unload（卸载） Resize（改变尺寸）	窗口	onLoad="..." onUnload="..." onResize="..."
Click（鼠标单击） DblClick（鼠标双击）	一般的界面元素都能识别这些事件	onClick="..." onDblClick="..."
Change（内容改变时）	一般的表单域都能识别这些事件	onChange="..."

现以鼠标事件为例，演示 JavaScript 如何处理表单中的事件。

演示一　当鼠标进入按钮区域，按钮的背景变成黄色，当鼠标离开表单区域，按钮的背景变成灰色。

********************* 代码 1-7-1　test1-7-1.html ************************

```
1    <!DOCTYPE html PUBLIC "-//W3C//DTD XHTML 1.0 Transitional//EN"
2    "http://www.w3.org/TR/xhtml1/DTD/xhtml1-transitional.dtd">
3    <html xmlns="http://www.w3.org/1999/xhtml">
4    <head>
```

```
5    <meta http-equiv="Content-Type" content="text/html; charset=utf-8" />
6    <title>处理按钮事件</title>
7    <script language="javascript" type="text/javascript">
8     function comein(btn){
9            btn.style.backgroundColor='yellow';
10   }
11    function comeout(btn){
12           btn.style.backgroundColor='#cccccc';
13   }
14   </script>
15   </head>
16   <body>
17   <form action="" method="get">
18   <input name="" type="button" value="我已经填完所有信息，确认要提交了"
19           onmouseover="comein(this);" onmouseout="comeout(this);"/>
20   </form>
21   </body>
22   </html>
```

****

在浏览器测试该页面，可以看到当鼠标移到按钮上方，按钮的背景成为黄色，当鼠标离开按钮，按纽的背景变成灰色。第 19 行使用了 JavaScript 常用的事件处理方法：on 事件名="…" 的方式来处理事件，this 是参数，代表当前对象，当前正在处理的是按钮的事件，所以在这里，this 代表按钮。

3. JavaScript 取表单数据的常用方法

JavaScript 处理表单数据一般分为两个步骤：先取出表单域的值，然后根据业务逻辑判断值的正确性

例如：登录界面，JavaScript 首先应该把用户输入的用户名和密码的值取出来，然后根据要求，检查是否为空或不正确，如果为空或不正确，说明数据是非法的，就没有必要提交给服务器了。JavaScript 的表单验证功能如同在客户端设置了一道防线，大大减轻了服务器端数据验证的负担。

下面通过一个演示，展示 JavaScript 如何取常用表单域的值。

演示二 JavaScript 取文本框、文本域、下拉列表、单选按钮和多选按钮的值。

********************** 代码 1-7-2　test1-7-2.html ***************************

```
1    <!DOCTYPE html PUBLIC "-//W3C//DTD XHTML 1.0 Transitional//EN"
2    "http://www.w3.org/TR/xhtml1/DTD/xhtml1-transitional.dtd">
3    <html xmlns="http://www.w3.org/1999/xhtml">
4    <head>
5    <meta http-equiv="Content-Type" content="text/html; charset=utf-8" />
6    <title>无标题文档</title>
7    <style type="text/css">
8    <!--
9    form {
10         display: block;
11         margin: 0px;
12         padding: 10px;
13         height: 200px;
14         width: 300px;
15         border: 1px dashed #666666;
16   }
17   body {
18         font-size: 12px;
19         line-height: 20px;
```

```
20    }
21    ul {
22          margin: 0px;
23          padding: 0px;
24    }
25    li {
26          border-bottom-width: 1px;
27          border-bottom-style: dashed;
28          border-bottom-color: #000000;
29          list-style-type: none;
30          margin-top: 2px;
31          margin-bottom: 2px;
32    }
33    input {
34          background-color: #CCCCCC;
35          border: 1px solid #000000;
36    }
37    -->
38    </style>
39    <script language="javascript" type="text/javascript">
40      function getvalue(){
41            var f=document.form1;
42            var txt=f.txttest.value;
43            var sel=f.select.value;
44            var ta=f.textarea.value;
45            var ck=document.getElementsByName("checkbox");
46            var rd=document.getElementsByName("radio");
47            var ckmsg="",ckval="",ckflag,rdmsg="",rdval="",rdflag;
48            for(i=0;i <ck.length;i++)
49            {
50                if(ck[i].checked)    {
51                    ckval=ckval+" "+ck[i].value;
52                    ckflag=true;
53                }
54            }
55            for(i=0;i <rd.length;i++)
56            {
57                if(rd[i].checked)    {
58                    rdval=rd[i].value;
59                    rdflag=true;
60                    break;
61                }
62            }
63            if(ckflag){
64                ckmsg="复选框有选项被选择，内容是："+ckval;
65            }else{
66                ckmsg="复选框没有选项被选择";
67            }
68            if(rdflag){
69                rdmsg="单选框有选项被选择，内容是："+rdval;
70            }else{
71                rdmsg="单选框没有选项被选择";
72            }
73            alert("文本框的值："+txt+
74                    "\n\n 文本域的值："+ta+
75                    "\n\n 下拉列表值："+sel+
76                    "\n\n"+ckmsg+
77                    "\n\n"+rdmsg);
78      }
79    </script>
```

```
80   </head>
81   <body>
82   <form name="form1" action="" method="get">
83   <ul>
84     <li>文本框:
85       <input name="txttest" type="text" class="txt" />
86     </li>
87   <li>下拉列表:
88     <select name="select">
89       <option value="0">下拉列表值 1</option>
90       <option value="1">下拉列表值 2</option>
91     </select>
92   </li>
93   <li>文本区域:
94       <textarea name="textarea" rows="4"></textarea>
95     </li>
96   <li>多选按钮:
97     <input type="checkbox" name="checkbox" value="0" />选择 1
98     <input type="checkbox" name="checkbox" value="1" />选择 2
99     <input type="checkbox" name="checkbox" value="2" />选择 3
100    </li>
101  <li>性别:
102    <input type="radio" name="radio" value="0"   checked="checked" /> 选择 1
103    <input type="radio" name="radio" value="1" />选择 2
104  </li >
105  <li ><input name="" type="button"
106      value="我已经填完所有信息,确认要提交了" onclick="getvalue()"/>
107    </li>
108  </ul>
109  </form>
110  </body>
111  </html>
```

****

在浏览器测试该页面,结果如图 1-7-2 和图 1-7-3 所示。

图 1-7-2　网页的表单设计

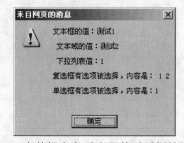

图 1-7-3　表单提交之后出现的对话框效果图

4. 常见的表单数据验证需求

一般的表单功能分为两种:收集信息、业务处理。常用的用户注册、产品发布、新闻发布都是信息的收集,而购物网站上下订单就是属于业务处理的范畴。收集信息的表单一般需要验证数据的格式如身份证号码、邮件、手机号码的格式是否符合要求,而业务处理的表单一般要验证数据的范畴,如订单的数量是否在合理的值之类,是否输入的是非数字的字符等。

下面代码给出了常用的输入数据格式验证函数,读者可以根据需求直接调用。

****************** 代码 1-7-3　常用格式验证 JavaScript 函数集锦 ******************

```
1  /*
2  用途:检查输入字符串是否为空或者全部都是空格
```

```
3    输入：str
4    返回：
5    如果全是空返回 true,否则返回 false
6    */
7    function isNull( str ){
8    if ( str == "" ) return true;
9    var regu = "^[ ]+$";
10   var re = new RegExp(regu);
11   return re.test(str);
12   }
13   /*
14   用途：检查输入对象的值是否符合整数格式
15   输入：str 输入的字符串
16   返回：如果通过验证返回 true,否则返回 false
17   */
18   function isInteger( str ){
19   var regu = /^[-]{0,1}[0-9]{1,}$/;
20   return regu.test(str);
21   }
22   /*
23   用途：检查输入手机号码是否正确
24   输入：
25   s: 字符串
26   返回：
27   如果通过验证返回 true,否则返回 false
28
29   */
30   function checkMobile( s ){
31   var regu =/^[1][3][0-9]{9}$/;
32   var re = new RegExp(regu);
33   if (re.test(s)) {
34   return true;
35   }else{
36   return false;
37   }
38   }
39   /*
40   用途：检查输入字符串是否符合正整数格式
41   输入：
42   s: 字符串
43   返回：
44   如果通过验证返回 true,否则返回 false
45   */
46   function isNumber( s ){
47   var regu = "^[0-9]+$";
48   var re = new RegExp(regu);
49   if (s.search(re) != -1) {
50   return true;
51   } else {
52   return false;
53   }
54   } .
55   /*
56   用途：检查输入字符串是否是带小数的数字格式,可以是负数
57   输入：
58   s: 字符串
59   返回：
```

```
60  如果通过验证返回 true,否则返回 false
61  */
62  function isDecimal( str ){
63  if(isInteger(str)) return true;
64  var re = /^[-]{0,1}(\d+)[\.]+(\d+)$/;
65  if (re.test(str)) {
66  if(RegExp.$1==0&&RegExp.$2==0) return false;
67  return true;
68  } else {
69  return false;
70  }
71  }
72  /*
73  用途：检查输入对象的值是否符合 E-mail 格式
74  输入：str 输入的字符串
75  返回：如果通过验证返回 true,否则返回 false
76  */
77  function isEmail( str ){
78  var myReg = /^[-_A-Za-z0-9]+@([_A-Za-z0-9]+\.)+[A-Za-z0-9]{2,3}$/;
79  if(myReg.test(str)) return true;
80  return false;
81  }
82  /*
83  用途：检查输入字符串是否符合金额格式
84  格式定义为带小数的正数，小数点后最多三位
85  输入：
86  s：字符串
87  返回：
88  如果通过验证返回 true,否则返回 false
89  */
90  function isMoney( s ){
91  var regu = "^[0-9]+[\.][0-9]{0,3}$";
92  var re = new RegExp(regu);
93  if (re.test(s)) {
94  return true;
95  } else {
96  return false;
97  }
98  }
99  /*
100 用途：检查输入字符串是否只由英文字母、数字和下划线组成
101 输入：
102 s：字符串
103 返回：
104 如果通过验证返回 true,否则返回 false
105 */
106 function isNumberOr_Letter( s ){//判断是否是数字或字母
107 var regu = "^[0-9a-zA-Z\_]+$";
108 var re = new RegExp(regu);
109 if (re.test(s)) {
110 return true;
111 }else{
112 return false;
113 }
114 }
115 /*
116 用途：检查输入字符串是否只由英文字母和数字组成
```

```
117 输入:
118 s: 字符串
119 返回:
120 如果通过验证返回 true,否则返回 false
121 */
122 function isNumberOrLetter( s ){//判断是否是数字或字母
123 var regu = "^[0-9a-zA-Z]+$";
124 var re = new RegExp(regu);
125 if (re.test(s)) {
126 return true;
127 }else{
128 return false;
129 }
130 }
131 /*
132 用途: 检查输入字符串是否只由汉字、字母和数字组成
133 输入:
134 value: 字符串
135 返回:
136 如果通过验证返回 true,否则返回 false
137 */
138 function isChinaOrNumbOrLett( s ){//判断是否是汉字、字母和数字组成
139 var regu = "^[0-9a-zA-Z\u4e00-\u9fa5]+$";
140 var re = new RegExp(regu);
141 if (re.test(s)) {
142 return true;
143 }else{
144 return false;
145 }
146 }
147 /*
148 用途: 判断是否是日期
149 输入: date: 日期; fmt: 日期格式
150 返回: 如果通过验证返回 true,否则返回 false
151 */
152 function isDate( date, fmt ) {
153 if (fmt==null) fmt="yyyyMMdd";
154 var yIndex = fmt.indexOf("yyyy");
155 if(yIndex==-1) return false;
156 var year = date.substring(yIndex,yIndex+4);
157 var mIndex = fmt.indexOf("MM");
158 if(mIndex==-1) return false;
159 var month = date.substring(mIndex,mIndex+2);
160 var dIndex = fmt.indexOf("dd");
161 if(dIndex==-1) return false;
162 var day = date.substring(dIndex,dIndex+2);
163 if(!isNumber(year)||year>"2100" || year< "1900") return false;
164 if(!isNumber(month)||month>"12" || month< "01") return false;
165 if(day>getMaxDay(year,month) || day< "01") return false;
166 return true;
167 }
168 function getMaxDay(year,month) {
169 if(month==4||month==6||month==9||month==11)
170 return "30";
171 if(month==2)
172 if(year%4==0&&year%100!=0 || year%400==0)
173 return "29";
```

```
174  else
175  return "28";
176return "31";
177}
```

****

演示三　表单验证的综合案例。

*************************** 代码 1-7-4　test1-7-4.html ***************************

```
1    <!DOCTYPE html PUBLIC "-//W3C//DTD XHTML 1.0 Transitional//EN"
2    "http://www.w3.org/TR/xhtml1/DTD/xhtml1-transitional.dtd">
3    <html xmlns="http://www.w3.org/1999/xhtml">
4    <head>
5    <meta http-equiv="Content-Type" content="text/html; charset=utf-8" />
6    <title>无标题文档</title>
7    <style type="text/css">
8    <!--
9    form {
10       display: block;
11       margin: 0px;
12       padding: 10px;
13       height: 200px;
14       width: 300px;
15       border: 1px dashed #666666;
16   }
17   .txt {
18       width: 100px;
19   }
20   body {
21       font-size: 12px;
22       line-height: 20px;
23   }
24   ul {
25       margin: 0px;
26       padding: 0px;
27   }
28   li {
29       border-bottom-width: 1px;
30       border-bottom-style: dashed;
31       border-bottom-color: #000000;
32       list-style-type: none;
33       margin-top: 2px;
34       margin-bottom: 2px;
35   }
36   .STYLE1 {
37         color: #FF0000;
38   }
39   input {
40       background-color: #CCCCCC;
41       border: 1px solid #000000;
42   }
43   -->
44   </style>
45   <script language="javascript" type="text/javascript">
46         //验证手机是否合法的方法
47         function checkMobile(s){
```

```
48              var regu =/^[1][3][0-9]{9}$/;
49              var re = new RegExp(regu);
50              if (re.test(s)) {
51                    return true;
52              }else{
53                    return false;
54              }
55          }
56      //验证邮件是否合法的方法
57      function isEmail( str ){
58              var myReg = /^[-_A-Za-z0-9]+@([_A-Za-z0-9]+\.)+[A-Za-z0-9]{2,3}$/;
59              if(myReg.test(str)) return true;
60              return false;
61          }
62  function checkForm(){
63          var name,cls,mobile,groupname,hasgroup,pwd,pwd2;
64          var answer;
65          name=document.form1.txtname.value;
66          cls=document.form1.txtcls.value;
67          mobile=document.form1.txtmobile.value;
68          email=document.form1.txtemail.value;
69          pwd=document.form1.txtpwd.value;
70          pwd2=document.form1.txtpwd2.value;
71          if (name.length<1 || cls.length<1 || mobile.length<1 || pwd.length<1 || pwd2.length<1) {
72                  alert("*标注的内容为必填字段!");
73              }
74          else if (pwd!=pwd2){
75              alert("密码确认和密码必须一致!");
76              }
77          else if(checkMobile(mobile)==false ){
78              alert("手机号码格式不对!");
79              }else if(isEmail(email)==false){
80              alert("电子邮件格式不对");
81              }
82          else{
83                  answer=window.confirm("你的资料确认无误吗?");
84                  if (answer==true){
85              alert("您的信息可以提交了");//如果部署好了后台处理的程序，这里就可以替换为 document.form1.submit();
86                  }
87              }
88  }
89  </script>
90  </head>
91  <body>
92  <form name="form1" action="" method="get">
93  <ul><li>班级:<input name="txtcls" type="text" class="txt"/>
94    <span class="STYLE1">*</span></li>
95  <li>姓名:<input name="txtname" type="text" class="txt"/>
96    <span class="STYLE1">*</span></li>
97  <li>密码:<input name="txtpwd" type="password" class="txt" />
98    <span class="STYLE1">*</span></li>
99  <li>确认密码:<input name="txtpwd2" type="password" class="txt" />
100    <span class="STYLE1">*</span></li>
101  <li>性别:
102    <input type="radio" name="sex" value="男"   checked="checked" /> 男
```

```
103    <input type="radio" name="sex" value="女" />女
104    <span class="STYLE1">*</span></li>
105  <li>手机:<input name="txtmobile" type="text" class="txt"    />
106    <span class="STYLE1">*</span></li>
107  <li>电子邮件:<input name="txtemail" type="text" class="txt" /></li>
108  <li><input name="" type="button" value="我已经填完所有信息,确认要提交了"
109  onclick="checkForm();"/>
110    </li>
111  </ul>
112  </form>
113  </body>
114  </html>
```
****

测试 test1-7-4.html 的表单验证功能,实现了必填项不能为空、密码确认与密码必须相同、手机格式、E-mail 格式的验证。

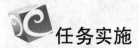 **任务实施**

1. 任务单
本次任务要完成的任务清单见表 1-7-2。

表 1-7-2　任务七的任务清单

序　号	任　务	功 能 描 述
1	check.js	包含了验证表单的 JavaScript 代码的 js 文件
2	bk_news_upload3.html	在原有的网页设计基础上,增加了对表单的验证

2. 实施步骤

步骤一　打开 GreenBar 项目根目录下的 bk_news_upload3.html,完成如下两个修改。

1)在 head 标签中添加如下代码:

```
<script type="text/javascript" src="js/check.js"></script>
```

2)修改原来的提交按钮,修改后的代码如下:

```
<input type="button" value="新闻提交" onclick="checkForm ();"/>
```

第 1 步修改是将 JavaScript 文件与当前的 HTML 文件关联。第 2 步修改,是让原来的提交按钮变成普通按钮,因为需要先验证再提交,所以改变了按钮的类型;当这个普通按钮被单击时,将会调用 js 文件中的 checkForm 函数,实现对内容的验证,验证通过才会提交表单。

步骤二　在 GreenBar 项目根目录下添加一个文件夹 js,在该文件夹下添加一个 js 文件 check.js,代码如下所示。

**************************** 代码 1-7-5　check.js *****************************

```
1    function checkForm(){
2        var title,copyright,source,author;
3        var answer;
4        var f=document.form1;
5        title=f.txttitle.value;
6        copyright=_____;
7        source= _____;
8        author= _____;
```

94

```
 9          if (_____) {
10              alert("新闻标题为必填字段!");  }
11      else if (copyright=="0" && source.length<1){
12          alert("非原创新闻必须提供新闻来源");
13          }
14      else if(copyright=="1" && author.length<1){
15          alert("原创新闻必须提供作者");
16      }
17      else{
18          answer=window.confirm("你的资料确认无误吗?");
19              if (answer==true){
20                  _____;//提交表单
21              }
22          }
23}
```

****

➜ 【操作提示】

1）请模仿代码 1-7-4 的第 65～70 行代码的写法，完成第 6～8 行的代码。

2）请模仿代码 1-7-4 的第 71 行代码的写法，完成第 9 行的代码。

3）请模仿代码 1-7-4 的第 85 行代码的写法，完成第 20 行的代码。

之前的 JavaScript 都是嵌入在 HTML 中，这样会使 HTML 内容过多，而且格式也不统一，代码不美观。还有一种方式是将 JavaScript 脚本存储在 js 文件中，然后在 HTML 中使用 "<script type="text/javascript"src="js 文件的相对路径"></script>" 这种方式引用 js 文件，就可以了。

步骤三　运行 GreenBar 网站项目，测试页面 bk_news_upload3.html，完成如下测试：

1）如果不输入标题，单击"提交"按钮之后，出现"新闻标题为必填字段!"的提示。

2）如果输入了标题，"是否原创"选择了"是"，而没有输入作者，单击"提交"按钮之后，出现"原创新闻必须提供作者"提示。

3）如果输入了标题，"是否原创"选择了"否"，而没有输入文章来源，单击"提交"按钮之后，出现"非原创新闻必须提供新闻来源"的提示。

4）如果输入内容都正确，单击"提交"按钮之后，表单内容提交给后台的 Servlet 处理，并反馈一个操作结果。

自我评价

评分项目	评分标准	分值	得分
知识要求	理解 JavaScript 是客户端脚本的本质	10	
	知道 JavaScript 中变量、语句、函数的语法	10	
	知道 form 表单的常用事件	10	
	知道 JavaScript 的事件处理模式	10	
操作要求	会在 HTML 中嵌入 JavaScript 脚本	10	
	会在 HTML 中引入 js 文件	10	
	会使用 JavaScript 验证常见表单信息	40	
合　计		100	

思考与练习

一、填空题

1．鼠标移到对象上会触发_____事件，鼠标离开对象会触发_____事件，鼠标单击会触发_____事件。

2．JavaScript 可以操作 HTML 的文档结构，例如，它可以使用_____方法，根据标签的名字得到所有标签对象；使用_____方法，根据标签的 id 得到标签对象；使用_____方法，把一个标签"挂"到另一个标签下，作为后者的子标签。

3．JavaScript 可以操作表单，使用_____方法可以得到文本框的值；使用_____属性判断单选或者是多选按钮是否被选中。

二、操作题

1．使用 JavaScript 操作 css 样式，实现一个变色表格的案例。效果如图 1-7-4 所示，当把鼠标放到表格中（标题行除外），鼠标所在的那一行表格的背景颜色和字体颜色都会发生变化（具体颜色不作要求）。

成绩单			
姓名	年龄	性别	成绩
花落根	18	男	85
刘传之	15	男	85
马云	19	男	85
杨正街	15	男	85
江明	16	男	85

图 1-7-4　变色表格效果图

2．使用 JavaScript 操作表单的数据。要求实现如图 1-7-5 所示的界面，如果单击图中按钮，左侧用户输入的信息就会在右侧的文本区域中显示。

图 1-7-5　表单提交之后界面效果图

3．使用 JavaScript 操作表单的数据，要求设计如图 1-7-6 所示的表单，并实现如下两个功能：

1）当用户在下拉列表中选择头像，右边的图片能更改为对应的图片（图片读者准备）。

2）当单击"提交"按钮时，能判断所有星号标注的表单域内容不能为空。

图 1-7-6　表单效果图

4. 给产品上传表单，添加表单验证功能。

 实现产品信息的发布

学习目标

➢ 理解 MVC 模式。
➢ 理解模型、视图和控制器的角色分工。
➢ 会根据任务需求创建模型。
➢ 会使用 Servlet 控制页面的跳转。
➢ 能为产品信息的发布设计相关的模型。

任务描述

本次任务要求完成绿吧旅游用品公司后台管理的产品发布，如图 1-8-1 所示。

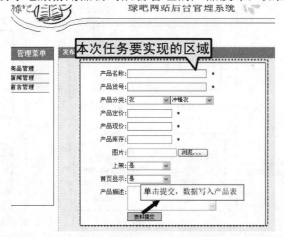

图 1-8-1　产品发布页面效果图

任务四已经完成了一个新闻发布页面,如果继续按照新闻发布的方式来处理产品发布,那么需要设计一个 HTML 页面,包含填写产品信息的表单,设计一个 Servlet 或者是 JSP 用来处理表单的提交。但这种方式通常会让后台的 Servlet 或者是 JSP 承担太多的数据库操作代码,导致代码严重重复,而且使 JSP 中静态与动态代码混在一起维护,增加了维护的难度。所以本次任务,要求使用 MVC 模式来对网站的功能实施更加细致的分工。

 任务分析与相关知识

1. MVC 设计模式概述

M——模型(model)。

V——视图(view)。

C——控制器(control)。

MVC 的基本思路是将应用网站的数据表示、数据存储和业务控制分开来维护。将原来都由 JSP 一手包办的功能分成 3 个核心模块,各自负责不同的工作任务,如图 1-8-2 所示。

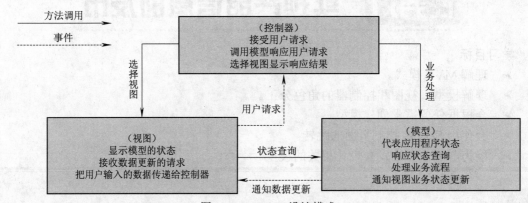

图 1-8-2　MVC 设计模式

网站的服务主要以请求和应答的方式来处理,那么这种设计模式在网站开发中是如何处理用户请求的呢? MVC 处理请求的过程如图 1-8-3 所示。

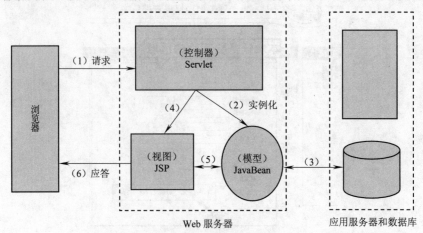

图 1-8-3　网站中使用 MVC 设计模式

以登录为例，如果使用 MVC 模式实现这个登录任务，角色分工如图 1-8-4 所示。

MVC 处理网站请求的核心思想是分工，数据存储的功能交给实体 bean（特定结构的 Java 类），业务逻辑交给业务处理的组件，数据库的访问交给数据访问层的专用类，与用户之间的交互交给界面（JSP 文件），页面之间的逻辑控制交给 Servlet 来处理。

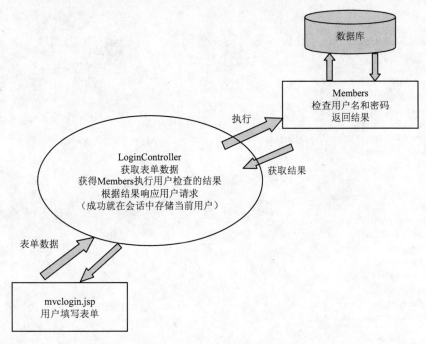

图 1-8-4　使用 MVC 设计模式实现登录

2. 视图设计

视图通常是直接与用户交互的界面。在网站应用中，视图理所当然由 JSP 网页充当。

演示一　为登录模块设计视图。在 Hello 项目中，添加一个登录页面 mvclogin.jsp，包含登录表单，用来接受用户输入的用户名和密码，其代码如下所示。

*************************** 代码 1-8-1　mvclogin.jsp ***************************

```
1   <%@ page language="java" import="java.util.*" pageEncoding="utf-8"%>
2   <!DOCTYPE html PUBLIC "-//W3C//DTD XHTML 1.0 Transitional//EN"
3   "http://www.w3.org/TR/xhtml1/DTD/xhtml1-transitional.dtd">
4   <html xmlns="http://www.w3.org/1999/xhtml">
5   <head>
6   <meta http-equiv="Content-Type" content="text/html; charset=utf-8" />
7   <title>使用 mvc 实现登录</title>
8     <style type="text/css">
9   <!--
10  body{
11  font-size:12px;}
12  h4,h5{
13      display: block;
14      float: left;
15      margin: 0px;
16      padding:0px;
17  }
```

```
18   input{
19        float: left;
20        display: block;
21        margin: 0px;
22        padding: 0px;
23   }
24   #form2{
25        width: 200px;
26        padding-top: 10px;
27        padding-left: 10px;
28   }
29   .logintitle {
30        float: left;
31        width: 200px;
32        font-size: 12px;
33        line-height: 20px;
34        color: #003300;
35        text-align: center;
36        display: block;
37   }
38   .logintxt{
39      float:left;
40        font-size: 13px;
41        line-height: 25px;
42        padding: 0px;
43        margin-top: 5px;
44        margin-bottom: 2px;
45        height: 25px;
46        width: 60px;
47        text-align: right;
48   }
49   input.txtlogin{
50        height: 23px;
51        width: 100px;
52        border: 1px solid #000000;
53        margin-top: 4px;
54        margin-bottom: 1px;
55        margin-left:10px;
56
57   }
58   input.btnsearch {
59        height: 20px;
60        width: 60px;
61        border: 1px solid #000000;
62        margin-top: 10px;
63        margin-left: 20px;
64   }
65   ul#melist{
66        width: 200px;
67        list-style-type: none;
68        margin: 0px;
69        padding: 0px;
70        height: 200px;
71   }
72   ul#melist li{
73        width: 200px;
74        height: 25px;
75        float:left;
```

```
76          line-height: 25px;
77          display: block;
78      }
79      ul#melist li a{
80          display:block;
81          float:left;
82          text-decoration: none;          width:200px;
83      }
84      h4{
85          width:50px;
86          text-align:right;
87          font-size: 12px;
88          line-height: 30px;
89          font-weight: normal;
90          color: #333333;
91      }
92      #form2 a {
93          display: block;
94          float: left;
95          width: 30px;
96          margin-left: 20px;
97          margin-top: 10px;
98          text-decoration: underline;
99          font-size: 12px;
100         line-height: 20px;
101         color: #006600;
102         height: 20px;
103     }
104     h5{
105         width:120px;
106         text-align:left;
107         font-size: 14px;
108         font-weight: normal;
109         line-height: 25px;
110         margin-left: 20px;
111         color: #333333;
112     }
113     ul#melist li a:hover{
114         line-height: 20px;
115         color:#660000;
116         background-color:#eeeeee;
117         border: 1px dashed #006600;
118     }
119     -->
120     </style>
121     </head>
122     <body>
123      <form   name="form2" action="loginc" method="get" id="form2">
124          <% if(session.getAttribute("login")!=null){%>
125              <ul id="melist">
126                  <li><h5><%= session.getAttribute("login").toString() %>的用户专区
127                      </h5></li>
127                  <li><a href="#"><h5>我的历史定单</h5><h4>共 8 条
129                          </h4></a></li>
130                      <li><a href="#"><h5>我的留言</h5><h4>共 0 条</h4></a></li>
131                      <li><a href="test_modify.jsp"><h5>维护我的资料</h5></a></li>
132                      <li><a href="exit"><h5>退出</h5></a></li>
133              </ul>
```

```
134         <% }else{%>
135             <span class="logintitle">你好，游客</span>
136         <span class="logintitle"><span class="logintxt">用户名</span>
137         <input type="text" name="txtname" class="txtlogin" /></span>
138         <span class="logintitle"><span class="logintxt">密码</span>
139         <input type="text" name="txtpwd" class="txtlogin" /></span>
140         <input name="" type="submit"    value="登录" class="btnsearch">
141             <a href="#">注册</a>
142     <% }%>
143  </form>
144  </body>
145  </html>
```

****

该页面要实现的功能是根据会话中记录的登录状态，来确定显示的内容，如果会话中存在 login 参数，说明当前状态是登录状态，显示用户专区的内容；如果会话中不存在 login 参数，说明当前还没有登录，就显示登录表单。

会话对象 session 也是 JSP 页面中的默认对象，这个对象是 HttpSession 类型的，可以直接使用。该对象常用方法见表 1-8-1。

表 1-8-1 HttpSession 方法列表

方法分类	方法名	参数作用	方法说明
用于会话生存时间的方法	getCreationTime ()	无	得到创建日期
	getLastAccessedTime ()	无	得到最近的访问时间
	getMaxInactiveInterval ()	无	得到会话有效的最大间隔时间
	setMaxInactiveInterval (int)	时间间隔 （分钟）	设置会话有效的最大间隔时间
	isNew ()	无	判断会话是否是新建的
	Invalidate ()	无	判断是否是有效会话
管理会话信息的方法	setAttribute (Object, Object)	第一个参数：属性名 第二个参数：对象名	将对象以指定的名称存入会话中
	removeAttribute (Object)	指定要删除的属性名	删除指定的属性
	getAttribute (Object)	指定要获取的属性名	得到指定的属性

上述方法中，setAttribute 和 getAttribute 是最常用的方法。例如代码 1-8-1 中的第 124 行和 126 行，都用到了 session.getAttribute ("login")方法，该方法就是在会话中取参数 "login"，那么这个 login 参数是什么时候放入会话的呢？在后续的演示三中，读者会发现这个参数是在登录判断成功之后，用 session.setAttribute 方法把成功登录的用户对象存入了会话，并给这个参数取名为 login。

3．模型设计

根据图 1-8-2，我们发现在网站应用中模型的主要作用有两方面：

1）存储数据。控制器从用户那里得到的数据可以以模型的形式传递给后台逻辑层，同样从数据库获取的数据也可以以模型的形式传递给表示层；使用模型而不是零散的数据形式，更便于对数据进行管理。就如同在处理员工的工资信息的时候，一个员工的整个工资信息保存在一起，而不是零散的管理和访问。

2）访问数据库。JSP 页面和 Servlet 中都可以直接连接数据库做查询并处理查询结果，但是这种做法分工不清晰。我们总是希望 JSP 页面能专注于数据的显示问题，Servlet 专注于处理用户的请求，具体的业务应该交给专门的"业务员"去完成，这个业务员就是 Java 类文件。无论是 JSP 还是 Servlet 都可以调遣业务员去完成数据存取的具体操作，这样的分工更利于对程序的维护和管理。

无论是数据存储还是做"业务员"，在本质上都是根据用户的需求设计各种类，要存储的数据是类的属性，要完成的业务是类的方法。

下面以登录为例，介绍应该如何设计模型。

演示二 为登录页面设计模型。登录页面需要访问的数据表是 admins，该表结构如图 1-8-5 所示。

```
+-----------+-------------+------+-----+---------+----------------+
| Field     | Type        | Null | Key | Default | Extra          |
+-----------+-------------+------+-----+---------+----------------+
| id        | int(11)     | NO   | PRI | NULL    | auto_increment |
| account   | varchar(50) | YES  |     | NULL    |                |
| password  | varchar(50) | YES  |     | NULL    |                |
| cls       | int(11)     | YES  |     | NULL    |                |
+-----------+-------------+------+-----+---------+----------------+
```

图 1-8-5　admins 表结构

1）根据页面要处理的数据表的表结构设计第一个模型 MemeberBean，该类的核心作用是封装一个用户的完整信息。当需要在文件之间传递用户信息时，用这个类型的对象最为合适，因为它可以包含所需要的用户的所有信息，并提供访问这些信息的标准方法。

在 Hello 项目中按照图 1-8-6 所示添加一个 Java 类 MemeberBean.java。

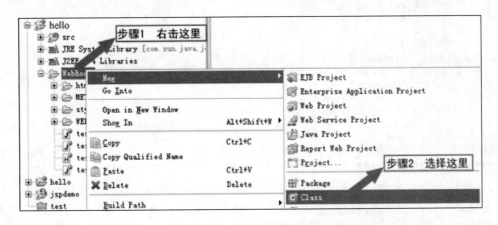

图 1-8-6　添加类文件步骤 1

出现如图 1-8-7 所示的对话框。

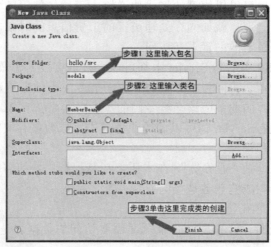

图 1-8-7　添加类文件步骤 2

注意　本教材中凡是在项目 GreenBar 中充当模型的类都放在 models 包中。

在 MemberBean.java 源文件中输入如下代码。

*************************** 代码 1-8-2　MemberBean.java ***************************

```
1      package models;
2      public class MemberBean{
3          private int id;
4          private String account;
5          private String password;
6          private int cls;
7          public void setId(int id){this.id=id;}
8          public void setPassword(String password){this.password=password;}
9          public void setAccount (String account){this. account = account;}
10         public void setCls(int cls){this. cls = cls;}
11         public int getId(){return this.id;}
12         public String getPassword(){return this.password;}
13         public String getAccount (){return this. account;}
14         public int getCls (){return this. cls;}
15         public String toString(){
16             return this. account;
17         }
18     //构造函数
19         public MemberBean(){}
20         public MemberBean(int id,String account,String password,int cls){
21             this.id=id;
22             this.password=password;
23             this. account = account;
24             this.cls=cls;
25         }
26     }
```

****

2）设计一个处理会员事务的"业务员"——Members.java。目前需要这个业务员处理的业务只有一件：登录的判断。登录判断需要访问数据库，而且一般的业务处理几乎都要与数据库进行"沟通"，所以把常见的数据通用操作定义在一个通用的数据操作类 DB 中。Members 类的核心作用是设计数据访问的逻辑，而 DB 类的核心作用是连接数据库，执行由 Members 类确定好的数据访问逻辑。

在 Hello 项目中添加一个通用数据操作类 DB，该类位于包 models 中，该类源代码如下所示。

**************************** 代码 1-8-3　DB.java ****************************

```
1    package models;
2    import java.sql.*;
3    public class DB{
4            private Connection conn;
5            private Statement stmt;
6            private String driver;
7            private String url;
8            private String username;
9            private String password;
10           public DB(){
11                   driver="org.gjt.mm.mysql.Driver";
12                   url="jdbc:mysql://localhost/greenbar?characterEncoding=utf-8";
13                   username="root";
14                   password="root";
15                   conn=null;
16                   stmt=null;
17           }
18           public DB(String driver,String url,String username,String password){
19                   this.driver=driver;
20                   this.url=url;
21                   this.username=username;
22                   this.password=password;
23                   conn=null;
24                   stmt=null;
25           }
26
27           public void setDriver(String driver){this.driver=driver;}
28           public void setUrl(String url){this.url=url;}
29           public void setUsername(String username){this.username=username;}
30           public void setPassword(String password){this.password=password;}
31           public String getDriver(){return this.driver;}
32           public String getUrl(){return this.url;}
33           public String   getUsername(){return this.username;}
34           public String getPassword(){return this.password;}
35           public void getConnection(){
36                   try{
37                           Class.forName(driver);
38                           conn=DriverManager.getConnection(url,username,password);
39
40                   }catch(Exception e){
41                           System.out.println(e.getMessage());
42                   }
43           }
44           public void closeConnection(){
45                   try{
46                           if(conn!=null){
47                                   conn.close();
48                           }
49                   }catch(Exception e){
50                           System.out.println(e.getMessage());
51                   }
52           }
53           public ResultSet executeQuery(String sql){
54                   ResultSet rs=null;
55                   try{
56                           if (conn==null)
```

```
57                              getConnection();
58
59                   stmt=conn.createStatement();
60                   rs=stmt.executeQuery(sql);
61
62              }catch(Exception e){
63                      System.out.println(e.getMessage());
64              }
65              return rs;
66          }
67      public boolean executeUpdate(String sql){
68              try{
69                      getConnection();
70                      if(conn!=null){
71  stmt=conn.createStatement(ResultSet.TYPE_SCROLL_SENSITIVE,
72      ResultSet.CONCUR_UPDATABLE);
73                              stmt.executeUpdate(sql);
74                              return true;
75                      }
76                      return false;
77              }catch(Exception e){ e.printStackTrace(); return false;}
78          }
79      public boolean executeUpdate(String[] sql){
80              try{
81                      if (conn==null)
82                          getConnection();
83                      conn.setSavepoint();
84  stmt=conn.createStatement(ResultSet.TYPE_SCROLL_SENSITIVE,
85  ResultSet.CONCUR_UPDATABLE);
86                      for(int i=0;i<sql.length;i++){
87                          stmt.addBatch(sql[i]);
88                          System.out.println(sql[i]);
89                      }
90                      stmt.executeBatch();
91                      conn.commit();
92                      return true;
93              }catch(Exception e){
94                  e.printStackTrace();
95                  try{conn.rollback();}catch(Exception ex){ex.printStackTrace();}
96                  return false;
97              }
98          }
99  }
```

****

在 Hello 项目中添加一个业务逻辑类 Members，该类位于包 models 中，该类源代码如下所示。

************************ 代码 1-8-4　Members.java **************************

```
1       package models;
2       import java.sql.*;
3       public class Members extends DB{
4               public MemberBean CheckLogin(String account,String password){
5                   MemberBean temp=null;
6                   String sql="select * from admins    where account='"+ account +
7                               "' and password='"+ password +"'";
8                   System.out.println("models.Members:CheckLogin "+sql);
9                   try{
10                          ResultSet rs=super.executeQuery(sql);
11                          if (rs!=null && rs.next()){
```

```
12                              temp=new MemberBean();
13                              temp.setId(rs.getInt ("id"));
14                              temp.setAccount(rs.getString("account"));
15                              temp.setPassword(rs.getString("password"));
16                              temp.setCls(rs.getInt ("cls"));
17                        }
18                  return temp;
19            }catch(Exception ex){
20                        ex.printStackTrace();
21                        return null;
22            }
23        }
24  }
```

****

4. 控制器设计

Servlet 天生具备 request 和 response 对象，用来接受用户的请求并做出响应，所以非常适合作控制器。控制器的作用就是获取用户的需求（request 对象完成），调度模型处理数据，再根据数据处理的结果，决定最终向用户呈现什么东西（response 对象完成）。

Servlet 可以使用 request 对象获取用户提交的数据和其他需求，可以调用创建好的模型来处理数据，可以使用 response 对象实现页面的跳转。由于 Servlet 本身驻留在服务器端，这些处理对于用户来说是透明的，用户是看不到的，而且用户也不需要看到，他们关心的只是结果。所以，通常使用 Servlet 作控制器。

演示三 为登录模块设计控制器。

在 Hello 项目下创建一个 Servlet 文件 LoginController。为这个 Servlet 配置的包名是 servlets，别名是 loginc，路径映射为/loginc。这个 Servlet 文件的源代码如下所示。

*********************** 代码 1-8-5 LoginController.java ***********************

```
1    package servlets;
2    import java.io.IOException;
3    import java.io.PrintWriter;
4    import javax.servlet.ServletException;
5    import javax.servlet.http.HttpServlet;
6    import javax.servlet.http.HttpServletRequest;
7    import javax.servlet.http.HttpServletResponse;
8    import javax.servlet.http.HttpSession;
9    import models.*;
10   public class LoginController extends HttpServlet {
11       public void doGet(HttpServletRequest request, HttpServletResponse response)
12               throws ServletException, IOException {
13       String user=request.getParameter("txtname");
14       user=new String(user.getBytes("iso-8859-1"),"utf-8");
15       String pwd=request.getParameter("txtpwd");
16       HttpSession session=request.getSession(true);
17       MemberBean cur=null;
18       Members temp=new Members();
19       cur=temp.CheckLogin(user,pwd);
20       if(cur!=null){
21               session.setAttribute("login",cur);
22       }
23       else
24       {
25               if(session.getAttribute("login")!=null)
26                       session.removeAttribute("login");
27       }
```

```
28              response.sendRedirect("mvclogin.jsp");
29          }
30      public void doPost(HttpServletRequest request, HttpServletResponse response)
31              throws ServletException, IOException {
32          doGet(request,response);
33      }
34  }
```
****

运行 Hello 项目，测试 mvclogin.jsp，出现如图 1-8-8 所示的登录窗口。如果输入错误的用户名和密码，还是跳回登录页面；如果输入正确的用户名和密码，出现如图 1-8-9 所示的视图。

图 1-8-8 登录前的视图　　　　　图 1-8-9 成功登录后的视图

任务实施

1. 任务单

本次任务的任务清单见表 1-8-2。

表 1-8-2 任务八的任务清单

序　号	任　　务	功　能　描　述
1	修改 greenbardb.sql	创建 products 和 Producttypes 表
2	bk_product_upload.html	包含了填写产品的表单的静态页面，充当视图
3	bk_msg.jsp	用来显示消息的 JSP 页面（任务四中代码 1-4-6 创建），充当视图
4	DB.java	数据库访问类（演示二中完成），充当模型
5	ProductBean.java	映射要访问的产品表信息，充当模型
6	Products.java	定义数据处理逻辑，充当模型
7	ProductUpload.java	响应用户的产品发布请求，充当控制器

2. 实施步骤

步骤一　在任务二代码 1-2-5 创建的文件 greenbardb.sql 的结尾，添加如下代码。

********************** 代码 1-8-6　greenbardb.sql 增加的 SQL 语句 ********************

```
1   create table Producttypes(
2       typeid    int   primary key,
3       typename nvarchar(50) ,
4       superid int
5   );
6   _____;
7   _____;
8   _____;
9   _____;
10  _____;
11  create table products(
12      pid   int   auto_increment primary key,
```

```
13        pcode        nvarchar(50),
14        pname        nvarchar(50),
15        oldprice     float,
16        nowprice     float,
17        num          int,
18        ifvalid      int,
19        iftop        int,
20        photo        nvarchar(50),
21        pubtime      datetime,
22        descr        nvarchar(3000),
23        typeid       nvarchar(50)
24    );
25    _____;
26    _____;
27    _____;
28    _____;
29    _____;
30    _____;
```

****

☛ 【操作提示】

1）完成 6～10 行代码，向表 Producttypes 中插入多条测试数据。

2）完成 25～30 行代码，向表 products 中插入多条测试数据。

在 MySQL 数据库管理工具中重新执行文件 greanbardb.sql，创建 Producttypes 和 products 两个表。

步骤二　在 GreenBar 项目根目录下的 src 文件夹下创建一个新的文件夹 models，把 Hello 中创建的 DB 类复制到这个文件夹下。

步骤三　在 GreenBar 项目中创建一个新的 HTML 文件 bk_product_upload.html。该网页的执行效果要求如图 1-8-10 所示，该网页在设计产品发布表单时特别重要，将表单的 action 的值设定为 productupload（请读者自行完成）。

步骤四　在 GreenBar 项目中 models 包下面创建一个新的类文件 ProductBean.java，代码如下所示。

************************ 代码 1-8-7　ProductBean.java ************************

```java
1     package models;
2     public class ProductBean{
3         int pid;
4         String pcode, pname;
5         float oldprice, nowprice;
6         int num, ifvalid, iftop ;
7         String photo, pubtime, descr;
8         int typeid;
9
10        //get/set 方法定义省略
11        //无参数的构造函数省略
12        //有参数的构造函数省略
13    }
```

****

☛ 【操作提示】

请查阅相关资料，实现在 MyEclipse 中自动生成 ProductBean 的 get/set 属性操作方法和构造方法。

步骤五 在 GreenBar 项目中 models 包下面创建一个新的类文件 Products.java，代码如下所示。

********************** 代码 1-8-8 Products.java ***************************

```
1      package models;
2      import java.sql.*;
3      import java.util.*;
4      public class Products extends DB{
5              public boolean newProduct(ProductBean newp){
6               String sql="insert into products"+
7          "(pcode,pname,oldprice,nowprice,num,ifvalid,iftop,photo,pubtime,descr,typeid) "+
8               "values("+
9               "'"+newp.getPcode()+"','"+
10              "'"+newp.getPname()+"','"+
11                  newp.getOldprice()+","+
12                  newp.getNowprice()+","+
13                  newp.getNum()+","+
14                  newp.getIfvalid()+","+
15                  newp.getIftop()+","+
16              "'"+newp.getPhoto()+"','"+
17              "'"+newp.getPubtime()+"','"+
18              "'"+newp.getDescr()+"','"+
19                  newp.getTypeid()+")";
20              System.out.println("products newProduct sql="+sql);
21              return super.executeUpdate(sql);
22          }
23      }
```

****

步骤六 在 GreenBar 项目中创建一个 Servlet 类 ProductsUpload.java，配置包名是 servlets，别名是 productupload，路径是/productupload，代码如下所示。

********************** 代码 1-8-9 ProductsUpload.java *********************

```
1      package servlets;
2      import java.io.IOException;
3      import java.io.PrintWriter;
4      import java.net.URLEncoder;
5      import java.text.SimpleDateFormat;
6      import javax.servlet.ServletException;
7      import javax.servlet.http.HttpServlet;
8      import javax.servlet.http.HttpServletRequest;
9      import javax.servlet.http.HttpServletResponse;
10     import models.*;
11     public class ProductsUpload extends HttpServlet {
12         public void doGet(HttpServletRequest request, HttpServletResponse response)
13             throws ServletException, IOException {
14             response.setContentType("text/html;charset=utf-8");
15             //从表单中取出产品编号存放在变量 pcode 中
16             _____;
17             //从表单中取出产品名称存放在变量 pname 中
18             _____;
19             //从表单中取出产品原价存放在变量 oldprice 中
20             _____;
21             //从表单中取出产品现价存放在变量 nowprice 中
22             _____;
23             //从表单中取出产品库存存放在变量 num 中
24             _____;
25             //从表单中取出产品是否有效存放在变量 ifvalid 中
26             _____;
27             //从表单中取出产品是否放在首页存放在变量 iftop 中
28             _____;
```

```
29          //从表单中取出产品图片路径存放在变量 photo 中
30              _____;
31          //从表单中取出产品描述存放在变量 descr 中
32              _____;
33          //从表单中取出产品类型编号存放在变量 typeid 中
34              _____;
35          ProductBean temp=new ProductBean(
36                  );//将表单中取出的产品信息存放在一个
37                      //ProductBean 对象 temp 中
38          String msg="";
39          if(new Products().newProduct(temp)){
40              msg=java.net.URLEncoder.encode("产品发布成功","utf-8");
41          }else{
42              msg=java.net.URLEncoder.encode("产品发布失败","utf-8");
43          }
44          response.sendRedirect("bk_msg.jsp?msg="+msg);
45      }
46      public void doPost(HttpServletRequest request, HttpServletResponse response)
47              throws ServletException, IOException {
48          doGet(request,response);
49      }
50  }
```

****

↘ 【操作提示】

1）请模仿代码 1-8-5 的第 13～15 行代码的写法，完成第 16～34 行的代码。

2）请查阅相关资料，根据代码 1-8-7 中 ProductBean 带参数构造函数的写法，完成第 35～36 行的代码。

运行 GreenBar 项目，测试 bk_product_upload.html 网页，效果如图 1-8-10 所示，单击"资料提交"按钮，如果成功提交数据，效果如图 1-8-11 所示。

图 1-8-10　填写要发布的产品信息截图　　图 1-8-11　发布成功提示信息截图

 自我评价

评分项目	评分标准	分值	得分
基本要求	理解产品发布的业务需求	10	
	理解 MVC 三个角色之间的关系	10	
	理解模型设计的基本思路	10	
	理解控制器的主要作用	10	
操作要求	完成登录模块的演示代码	30	
	完成产品信息的上传（MVC 模式）	30	
合　计		100	

思考与练习

一、简答题

1. 总结 Servlet 处理用户请求的一般步骤。

2. 根据模型的功能，可以把模型分为哪几种类型，它们在 MVC 模式的 Web 应用中分别有什么作用？

3. 使用了 MVC 设计模式之后，原来项目中的 JSP 文件在代码的长度、代码中所包含的类型和代码的调试等方面发生了什么变化？

二、连线题

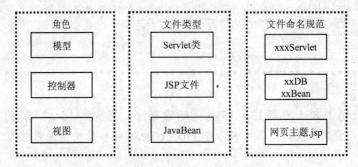

三、操作题

1. 实现演示一中的"退出"功能。

2. 完成商品维护功能，效果如图 1-8-12 所示。

图 1-8-12　商品维护界面效果图

任务九　实现产品分页显示

➡ **学习目标**

➢ 理解分页的算法。

➢ 会使用分页算法处理产品的显示问题。

任务描述

　　产品展示是企业门户网站非常重要的一个模块，而且通常一家企业要展示的产品会比较多，如果把所有的产品信息都放在同一个页面，页面会很冗长。为了更好地规划页面，通常会使用如图 1-9-1 所示的分页技术，对多条内容进行整理。不仅仅是产品，网站中很多信息都需要使用分页，例如新闻显示、留言显示等。

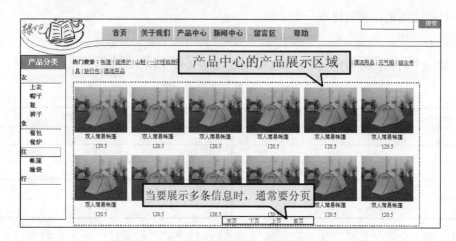

图 1-9-1　产品分页显示效果图

本次任务要求实现产品分页展示。

 任务分析与相关知识

1. 分页算法

分页其实是一个数据问题。在分页之前需要明确以下几点：

1）一页显示多少数据（需要提前设定）。

2）一共有多少数量的记录需要分页。

3）一共有多少页的数据可以被浏览。

　　以分苹果为例，如果一个礼品篮最多装 n 个苹果，现在有 m 个编过号的苹果（假设苹果从 0 开始编号，在礼品蓝中也是一个挨着一个顺序排放），请回答如下两个问题：

1）一共需要多少个礼品篮才能装下所有的苹果？

2）如果现在需要查看第 x 个礼品篮中的苹果，请问第 x 个礼品篮中第一个苹果是几号苹果？

　　对于第一个问题，可以按图 1-9-2 所示这样分析。

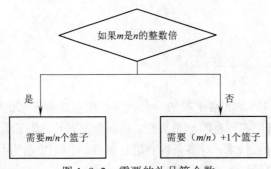

图 1-9-2 需要的礼品篮个数

也可以把上面的结果简化成一个公式：

$$需要的篮子数 = (m+n-1)/n$$

对于第二个问题，可以用列举法找到规律，如表 1-9-1 所示。

表 1-9-1 寻找第 x 个篮子的第一个苹果编号

篮子编号	苹果编号
1	0
2	n
3	$2n$
...	...
x	$(x-1)*n$

所以，第 x 个篮子里第一个苹果的编号是"$(x-1)*n$"（假设第一个苹果编号是 0）。

综上所述，如果一个页面所能容纳的产品数量为 PAGESIZE，一共有 max 条产品信息需要显示，那么总页数就是（max+PAGESIZE–1）/PAGESIZE；如果当前页面要显示第 nowpage 页的内容，那么实际上是从产品表中，索引位置为"（nowpage–1）*PAGESIZE"的记录开始取信息。

2．分页案例

以新闻显示为例，展示 JSP 页面如何实现分页技术。

1）为了对页面中容纳的新闻信息的条数进行统一的管理，建立一个 CONSTANTS 类，存放这些公共变量的值。

在 Hello 项目中添加一个 Java 文件 CONSTANTS.java，包名为 models，代码如下所示。

************************* 代码 1-9-1　CONSTANTS.java ************************

```
1    package models;
2    public class CONSTANTS {
3        public static final int NEWS_PAGESIZE=6;
4    }
```

****

其中，NEWS_PAGESIZE 中存放了新闻显示页面一页能容纳的新闻的数量。

2）在 Hello 项目中添加一个 JSP 文件 news_page.jsp，代码如下所示。

*********************** 代码 1-9-2　news_page.jsp ***********************

```
1    <%@ page language="java" import="java.util.*,java.sql.*,java.text.*"
2    pageEncoding="utf-8"%>
```

```
3    <%@ page import="models.*"%>
4    <!DOCTYPE html PUBLIC "-//W3C//DTD XHTML 1.0 Transitional//EN"
5    "http://www.w3.org/TR/xhtml1/DTD/xhtml1-transitional.dtd">
6    <html xmlns="http://www.w3.org/1999/xhtml">
7    <head>
8    <meta http-equiv="Content-Type" content="text/html; charset=utf-8" />
9    <title>新闻分页浏览</title>
10   <style type="text/css">
11   <!--
12   ul {
13          margin: 0px;
14          padding: 0px;
15          float: left;
16          display: block;
17   }
18   a {
19          display: block;
20          float: left;
21   }
22   body{
23          font-size: 12px;
24          line-height: 20px;
25   }
26   li{
27          margin: 0px;
28          padding: 0px;
29   }
30   #main {
31          float: left;
32          width: 600px;
33          height: auto;
34   }
35   h5{
36      display: block;
37      float: left;
38      margin: 0px;
39      padding:0px;
40      width: 600px;
41      background-color: #336600;
42      color: #FFFF99;
43   }
44   ul#news2 {
45          width: 580px;
46          margin-top: 20px;
47          margin-bottom: 10px;
48          float: left;
49          clear: both;
50          margin-left: 20px;
51   }
52   ul#news2 li {
53          float: left;
54          width: 580px;
55          list-style-type: none;
56          overflow: hidden;
57   }
58    ul#news2 a{
59          color: #663366;
60          text-decoration: none;
61          font-weight: bold;
62          width: 500px;
```

```
63          overflow: hidden;
64          height: 20px;
65          text-align: left;
66     }
67     ul#news a:hover {
68     font-weight:normal;
69     }
70     .page{
71          width:350px;
72          float:left;
73          margin-left:100px;
74          margin-top: 5px;
75          margin-right: 5px;
76          margin-bottom: 5px;
77          height: 30px;
78     }
79     .page     a {
80          text-decoration: none;
81          color: #666600;
82          width: 80px;
83          margin: 0px;
84          padding: 0px;
85          text-align: center;
86     }
87
88     .page    a:hover{
89          color: #660000;
90          text-decoration:underline
91     }
92     .title,ul#news2 .time {
93          width: 80px;
94          text-align: right;
95          color: #999999;
96          font-size: 14px;
97          color: #999999;
98          display: block;
99          float: left;
100          text-align: right;
101    }
102    .title{
103          width:500px;
104          text-align: center;
105          color: #000000;
106          font-weight: bold;
107    }
108    -->
109    </style>
110    </head>
111    <body>
112    <div id="main">
113          <h5>首页>>新闻中心</h5>
114              <ul id="news2">
115                  <li><span class="title">标题</span>
116              <span class="time">日期</span></li>
117                  <!--这里开始是动态显示区域-->
118                      <%
119                          //得到当前要显示的页码
120                          int maxpage=0,max=0,index=0;
121                          String pagestr=request.getParameter("page");
122                          int nowpage=(pagestr==null)?1:Integer.parseInt(pagestr);
```

```
123                    //连接数据库区域
124                    Connection cn;
125                    Statement st;
126                    String driver="org.gjt.mm.mysql.Driver";
127                    String username="root";
128        String password="123456";//读者此处输入本地 mysql 数据库 root 用户的密码
129                    String url=
130        "jdbc:mysql://localhost/greenbar?characterEncoding=utf-8";
131                    try{
132                        System.out.println("正在连接数据库...");
133                        Class.forName(driver).newInstance ();//加载驱动
134                        //建立连接
135                cn=DriverManager.getConnection(url,username,password);
136                        System.out.println("已经连接到数据库");
137                        Statement stmt=cn.createStatement();//创建查询执行对象
138                        //得到最大页码
139                        String sql="select count(*) from news ";
140                        ResultSet rs=stmt.executeQuery(sql);//执行查询，得到结果集
141                        if(rs.next()){
142                            max=rs.getInt(1);
143                        }
144                        maxpage=
145        (max+CONSTANTS.NEWS_PAGESIZE-1)/CONSTANTS.NEWS_PAGESIZE;
146                        if(nowpage<1) nowpage=1;
147                        if(nowpage>maxpage) nowpage=maxpage;
148                        //得到当前页要访问的第一条记录的位置
149                         index=(nowpage-1)*CONSTANTS.NEWS_PAGESIZE+1;
150                        //查询新闻
151                        sql="select * from news order by pubtime desc";
152                        rs=stmt.executeQuery(sql);//执行查询，得到结果集
153                        if(rs.absolute(index)){
154                            for(int i=0;i<CONSTANTS.NEWS_PAGESIZE;i++){
155                                String nid=rs.getString("nid");//取 id
156                                String title=rs.getString("title");//获取字段值
157                                java.util.Date pubtime=rs.getDate("pubtime");
158                    SimpleDateFormat f=new SimpleDateFormat("M/d");
159                                String outdate=f.format(pubtime);
160                                String href="news_detail.jsp?nid="+nid;
161                                out.println("<li>");
162                                out.println("<a href='"+href+"'>"+title+"</a>");
163            out.println("<span class='time'>"+outdate+"</span>");
164                                out.println("</li>");
165                                if(!rs.next()){break;}
166                            }
167                        }
168                        else{
169                            out.println("没有数据显示 ");
170                        }
171                        stmt.close();//关闭对象
172                        cn.close();
173                    }catch(Exception e){
174                        System.out.println("出现的异常为"+e);
175                    }
176                %>
177        </ul>
178          <div   class="page">
179              <a href="news_page.jsp?page=1">首页</a>
180              <a href="<%= "news_page.jsp?page="+(nowpage-1)%>">上页</a>
181              <a href="<%= "news_page.jsp?page="+(nowpage+1)%>" >下页</a>
182              <a href="<%= "news_page.jsp?page="+maxpage%>" >末页</a>
```

```
183                </div>
184 </div>
185 </body>
186 </html>
```
****

在上述案例中，第 179～182 行是分页的超链接，如果单击"首页"就直接把页码参数设置为 1；如果单击"上页"，则在当前要显示的页码的基础上减去 1；同理，单击"下页"，则在当前要显示的页码基础上加 1；单击"末页"，应该直接定位到最大页码处。

这里用到的 nowpage 来自第 122 行，从查询字符串中取出页码信息，这个数据在使用之前要确认三件事情：

1）如果用户没有传递页码参数，例如第一次访问这个页面时，应该默认页码为 1。

2）如果用户传递的页码参数小于 1，例如当前页码为第一页，用户单击"上页"，就会传递 0 过来，这时候，应该对当前页面完成下限判断，如第 146 行所示。

3）如果用户传递的页码参数大于最大页码，例如当前页码为最后一页，用户单击"下页"，就会传递最大页码+1 过来，这时候，应该对当前页面完成上限判断，如第 147 行所示。

maxpage 来自第 144 行，根据之前确定的算法，可以根据一页的容量和总记录数计算出 maxpage。

运行 Hello 项目，测试 news_page.jsp，效果如图 1-9-3 所示。

图 1-9-3　新闻分页显示效果图

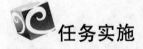 任务实施

1．任务单

本次任务的任务清单见表 1-9-2。

表 1-9-2　任务九的任务清单

序　号	任　务	功　能　描　述
1	CONSTANTS.java	包含了一页容纳的产品信息个数
2	ProductBean	存储产品信息的模型，在任务八中代码 1-8-7 已定义
3	Products.java	修改原来的 Products 类，增加两个方法分别用来获取产品信息的最大页码和获取指定页码的产品信息
4	products.jsp	分页显示产品信息的视图

2．实施步骤

步骤一　在 GreenBar 项目中添加一个 Java 文件 CONSTANTS.java，包名为 models，代码如下所示。

********************** 代码 1-9-3　CONSTANTS.java **********************

```
1    package models;
2    public class CONSTANTS {
3        //定义一个常量 PAGESIZE_PRODUCTS，初始值为2
4        _____
5    }
```

****

【操作提示】

请模仿代码 1-9-1 的第 3 行代码的写法，完成第 4 行的代码。

步骤二　打开 GreenBar 项目中的 Products.java（在任务 8 代码 1-8-8 中已定义），在原有的类的定义中，插入两个新的方法，代码如下所示。

********************** 代码 1-9-4　Products.java 中添加的方法 **********************

```
1    //获得当前的产品共有多少页
2    public int getMaxPage (){
3        String sql="select count(pid)   \"all\"   from products";
4        int maxcount=0;
5        try{
6            ResultSet rs=super.executeQuery(sql);
7            if(rs.next()){
8                maxcount= rs.getInt("all");
9            }
10   //如果 maxcount 中存放着产品的总数量
11   // CONSTANTS 类中的 PAGESIZE_PRODUCTS 存放着一页能显示的产品数量
12   //请计算产品显示总共需要多少页
13            return _____;
14        }catch(Exception ex){
15            ex.printStackTrace();
16            return 0;
17        }
18    }
19    //参数指定要访问的页码，根据这个页码返回产品信息
20    public ArrayList getProducts(int page){
21        int max=getMaxPage();
22        if(max<=0) return null;
23        if(page>max) page=max;
24        if(page<1) page=1;
25        ArrayList l=null;
26    //page 表示当前的页码，请计算产品访问的起始位置
27        int index= _____;
28        ProductBean temp=null;
29        String sql="select * from products order by pubtime desc";
30        try{
31            ResultSet rs=super.executeQuery(sql);
32            if (rs!=null && rs.absolute(index)){
33                l=new ArrayList();
34                for(int i=0;i<CONSTANTS.PAGESIZE_PRODUCTS;i++){
35                    int pid=_____;
36                    String pname=_____;
37                    float nowprice=_____;
38                    String photo=_____;
39                    String href="product_detail.jsp?pid="+pid;
40                    temp=new ProductBean();
41                    temp.setPid(_____);
42                    temp.setPname(_____);
43                    temp.setPhoto(_____);
44                    temp.setNowprice(_____);
45                    l.add(temp);
```

```
46                              if(!rs.next()) break;
47                          }
48                      }
49                      return l;
50              }catch(Exception ex){
51                      ex.printStackTrace();
52                      return null;
53              }
54          }
```
****

↘ **【操作提示】**

　　1）请模仿代码 1-9-2 的第 144～145 行代码的写法，完成第 13 行的代码。

　　2）请模仿代码 1-9-2 的 149 行代码的写法，完成第 27 行的代码。

　　3）根据数据存取需求完成第 35～44 行的代码。

　　步骤三　在 GreenBar 项目中添加一个 JSP 文件 products.jsp，代码如下所示。

*********************** 代码 1-9-5　products.jsp ***************************

```
1    <%@ page language="java" import="java.util.*,java.sql.*" pageEncoding="utf-8"%>
2    <%@ page import ="models.*"%>
3    <!DOCTYPE html PUBLIC "-//W3C//DTD XHTML 1.0 Transitional//EN"
4    "http://www.w3.org/TR/xhtml1/DTD/xhtml1-transitional.dtd">
5    <html xmlns="http://www.w3.org/1999/xhtml">
6    <head>
7    <meta http-equiv="Content-Type" content="text/html; charset=utf-8" />
8    <title>产品显示区域</title>
9    <style type="text/css">
10   <!--
11   ul {
12       margin: 0px;
13       padding: 0px;
14       float: left;
15       display: block;
16   }
17   body {
18       font-size: 12px;
19       line-height: 20px;
20   }
21   img {
22       float: left;
23       margin:0px;
24       padding:0px;
25       display: block;
26   }
27   li{
28       display:block;
29       float:left;
30       margin: 0px;
31       padding: 0px;
32   }
33   #right2 {
34       float: left;
35       height: 400px;
36       width: 800px;
37   }
38   #right2 ul {
39       margin-right: 0px;
40   }
41   ul.p {
```

```
42              width: 120px;
43              height: 130px;
44              margin-top: 20px;
45              margin-right: 10px;
46              margin-left: 10px;
47      }
48      ul.p li {
49              list-style-type: none;
50              float: left;
51              width: 120px;
52              font-size: 12px;
53              line-height: 20px;
54              text-align: center;
55      }
56      .page{
57              width:350px;
58              float:left;
59              margin-left:200px;
60              margin-top: 20px;
61              margin-right: 5px;
62              margin-bottom: 5px;
63              height: 30px;
64      }
65      .page    a {
66              text-decoration: none;
67              color: #666600;
68              width: 80px;
69              margin: 0px;
70              padding: 0px;
71              text-align: center;
72              display: block;
73              float: left;
74      }
75      .page    a:hover{
76              color: #660000;
77              text-decoration:underline
78      }
79      -->
80      </style>
81      </head>
82      <body>
83       <div id="right2">
84                          <%
85                      Products temp=new Products();
86                  //得到当前要显示的页码
87                      String pagestr=request.getParameter("page");
88                      int nowpage=(pagestr==null)?1:Integer.parseInt(pagestr);
89                      int maxpage=temp.getMaxPage();
90                      if(nowpage>maxpage) nowpage=maxpage;
91                      if(nowpage<1) nowpage=1;
92                      //查询新闻
93                      ArrayList list=temp.getProducts(nowpage);
94                      if(list!=null){
95                          Iterator i=list.iterator();
96                          while(i.hasNext()){
97                              ProductBean cur=(ProductBean)i.next();
98                                  int pid=cur.getPid();//取 id
99                                  String pname=cur.getPname();//获取字段值
100                                 String photo=cur.getPhoto();
101                                 String src="images/products/"+photo;
```

```
102                              float price=cur.getNowprice();
103                              String href="product_details.jsp?pid="+pid;
104                 out.println("<ul class='p'>");
105                              out.println("<li><a href='"+href+"'>");
106                              out.println("<img src='"+src+"' width='120' height='100' />");
107                              out.println("</a></li>");
108                              out.println("<li>"+pname+"</li>");
109                              out.println("<li>"+price+"</li>");
110                              out.println("</ul>");
111                          }//while
112                  }//if
113                  else{
114                          out.println("没有数据显示 ");
115                  }
116           %>
117      <div  class="page">
118          <a href="_____">首页</a>
119          <a href="_____">上页</a>
120          <a href="_____">下页</a>
121          <a href="_____">末页</a>
122      </div>
123   </div>
124   </body>
125   </html>
```

****

➥ 【操作提示】

请模仿代码 1-9-2 的第 179～182 行代码的写法，完成第 118～121 行的代码。

运行 GreenBar 项目，测试 products.jsp，效果如图 1-9-4 所示。

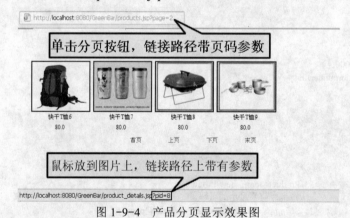

图 1-9-4　产品分页显示效果图

自我评价

评分项目	评分标准	分值	得分
基本要求	理解总页数计算方法	10	
	理解每一页起始位置计算方法	10	
	理解页码参数传递的过程	10	
	理解分页超链接设计思路	10	
操作要求	完成新闻分页显示	30	
	完成产品的分页显示	30	
合　计		100	

思考与练习

一、填空题

1. 如果产品中心页面最多能显示 10 件产品，产品表中存储了 M 条产品记录，那么产品的显示一共需要＿＿＿＿页才能浏览完所有的产品。如果单击第 3 页的超链接，希望看到第 3 页的所有产品信息，那么应该从产品表的第＿＿＿＿＿＿＿＿条记录开始查看数据。

2. 如果要定义一个整型常量 PRODUCT_SIZE，并赋值为 10，应该如何写：
＿＿＿＿＿＿＿＿＿＿＿＿＿＿＿＿＿＿＿＿＿＿＿＿＿＿＿＿＿＿＿＿＿＿＿＿＿＿

3. ResultSet 类中提供了＿＿＿＿＿＿＿＿方法，用来直接定位到指定位置的记录。

4. ArrayList 类提供了＿＿＿＿＿＿＿方法，用来从指定索引的位置开始提取集合的一部分数据。

5. 假设当前的页码为 page，要显示数据的最大页码为 maxpage，请完成如下分页超链接语句：

1）<ahref=＿＿＿＿＿＿＿＿＿＿＿＿＿＿＿＿＿＿＿＿＿＿>第一页</a>

2）<ahref=＿＿＿＿＿＿＿＿＿＿＿＿＿＿＿＿＿＿＿＿＿＿>上页</a>

3）<ahref=＿＿＿＿＿＿＿＿＿＿＿＿＿＿＿＿＿＿＿＿＿＿>下页</a>

4）<ahref=＿＿＿＿＿＿＿＿＿＿＿＿＿＿＿＿＿＿＿＿＿＿>末页</a>

二、操作题

模仿本次任务，实现留言中心的留言分页浏览功能，效果如图 1-9-5 所示。

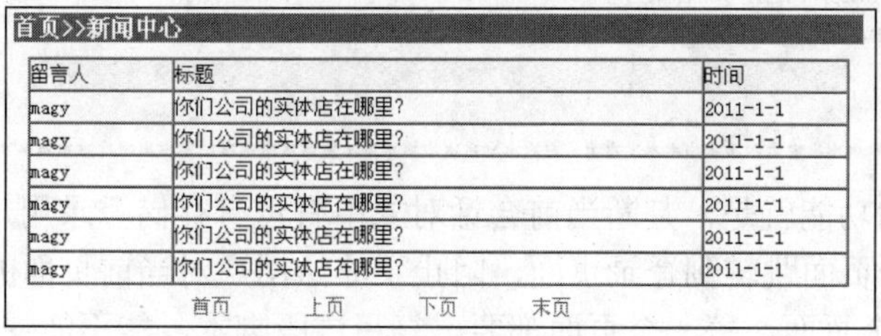

首页>>新闻中心		
留言人	标题	时间
magy	你们公司的实体店在哪里？	2011-1-1
magy	你们公司的实体店在哪里？	2011-1-1
magy	你们公司的实体店在哪里？	2011-1-1
magy	你们公司的实体店在哪里？	2011-1-1
magy	你们公司的实体店在哪里？	2011-1-1
magy	你们公司的实体店在哪里？	2011-1-1
首页	上页　下页　末页	

图 1-9-5　留言分页显示效果图

任务十　实现后台页面的身份检查

▶ **学习目标**

➢ 了解自定义标签解析步骤。

➢ 了解 tld 文件的基本结构。

➢ 掌握 web.xml 中对标签的申明。

➢ 掌握 taglib 指令的用法。

➢ 理解自定义标签与网页之间的交互方式。

➢ 会设计简单的用于显示数据库数据的标签。

➢ 会设计检查登录状态的标签。

任务描述

绿吧企业门户网站的后台，实现了产品、新闻和留言的管理操作，只有特定权限的用户才能访问和操作，这种权限的限制是靠用户登录模块来实现的。如图 1-10-1 所示，所有后台的管理页面在进入之前，都应该判断当前访问页面的用户是不是经过了登录页面验证的合法用户。

图 1-10-1　后台管理界面截图

根据前面学习的知识，为每个页面添加一个用户身份的判断语句并不困难。例如，可以在每一个后台页面的开始部分添加如下代码。

*********************** 代码 1-10-1　身份验证代码 ***********************

```
1   <%
2       if(session.getAttribute("login")==null){
3           Response.sendRedirect("bk_login.html");
4       }
5   %>
```

****

这段代码实现的功能就是，判断当前会话对象中有没有存储登录用户的参数 login，如果没有，就直接从这个页面跳转到登录页面，阻止了非法用户对当前页面的访问。

后台一共有 7 个页面，每一个页面都要重复写这段脚本，能不能使用更友好的界面方式来实现登录的判断呢？本次任务要求使用自定义标签技术实现页面进入前的身份判断。

 任务分析与相关知识

1. 自定义标签概述

JSP 页面除了支持 HTML 标签之外，还支持用户自定义的标签。例如<p>…</p>是 HTML 标签，而<mytags:hello>…</mytags:hello>就是自定义的标签。当然浏览器是不能识别自定义标签的，除非 Web 服务器按照自定义标签的解析路径，对该标签做了解析和转换，才能变成客户端浏览器能够识别的内容。所以作为自定义标签的设计者，一定要遵循服务器对标签的解析标准，才能设计出"能被读懂"的标签。

自定义标签从外观上看，具有显著的特点，如下：

<前缀:后缀/>或者<前缀:后缀>体内容</前缀:后缀>

也就是说，所有自定义标签名不像 HTML 标签是单独一个单词，而是两个部分构成，一个代表前缀，一个代表后缀，它们在标签解析过程中有着不同的作用。

例如，最简单的自定义标签结构如下：

<mytags：hello/>

带有属性、体内容的自定义标签结构如下：

<mytags：strong color="red" size="20">这是内容</mytags：strong>

自定义标签也有和普通标签一样的特点：都是<>括起来，有开始、有结束。

2．自定义标签的解析

当在 JSP 页面使用了自定义的标签，Web 服务器是如何解析它们的呢？例如，如果在页面中使用了<mytags:hello/>，到底这个标签展示什么内容给用户呢？这就是标签的解析问题。

自定义标签的解析需要如下 3 个要素的参与：

1）标签解析类。这个类最终实现标签要完成的显示任务。既然叫它标签解析类，它必然有自己的身份象征，也就是这个类一定要继承一个父类，来明确自己的责任。例如，如果<mytags：hello/>的任务是在浏览器上显示"hello world!"，那么显示"hello world!"的工作任务必然是一个解析类完成的，假设这个类叫做 HelloTag，那么这个类必须继承一个标记解析的框架类——TagSupport，该框架类告诉我们应该在什么地方编写代码，实现最终的显示任务。

演示一　定义一个简单的标签解析类 HelloTag，实现在浏览器上显示"hello world!"。

在 Hello 项目中添加一个新的类文件 HelloTag.java，将该类放入 tags 包中，在 HelloTag.java 源文件中输入如下代码。

************************* 代码 1-10-2　HelloTag.java ************************

```
1    package tags;
2    import java.io.*;
3    import javax.servlet.jsp.tagext.*;
4    public class HelloTag extends TagSupport{
5    public int doStartTag(){
6            try{
7                    pageContext.getOut().print("<b>hello world!</b>");
8            }catch(IOException e){
9                    e.printStackTrace();
10           }
11           return SKIP_BODY;
12   }
13   public int doEndTag(){
14           try{
15                   pageContext.getOut().print("<br>");
16           }catch(IOException e){
17           e.printStackTrace();
18           }
19           return SKIP_PAGE;
20     }
21   }
```

****

doStartTag 和 doEndTag 就是来自父类的方法，我们不用深究，只要知道当服务器解析标签的时候，会先执行 doStartTag 方法里面的内容，再执行 doEndTag 里面的内容。

doStartTag 方法需要一个返回值用来决定是否处理标签的主体内容，如果返回 SKIP_BODY，就表示不处理标签的主体；如果返回 EVAL_BODY，就表示要处理标签的主体。

doEndTag 方法需要一个返回值用来决定是否处理自定义标签之后的内容，如果返回 SKIP_PAGE，就表示不处理自定义标签之后的内容；如果返回 EVAL_PAGE，就表示要处理。

代码 1-10-2 的第 7 行非常重要，pageContext.对象是标签解析类中最重要的方法。之所以这样说，是因为自定义标签是在 JSP 页面中使用的，我们都知道 JSP 页面中有一些默认对象可以使用，如 request、response、out、session，这些对象可以实现与用户之间的交互。自定义标签作为 JSP 的一部分，也应该可以使用这些对象，否则自定义标签就无法实现与用户交互了。而 pageContext.对象是一个桥梁，借助它，可以得到 JSP 页面中的所有默认对象。例如，如果需要在 JSP 页面输出 HTML 代码，就可以使用 pageContext.getOut()获取 JSP 的默认对象 out，再使用 out 的 println 方法输出任何需要输出的内容。

2）标记库描述文件——tld 文件。tld 文件如同前面的 web.xml 一样，是具有 XML 特色的标记文件。它的主要功能是根据自定义标签的后缀选择对应的标签解析类，也就是说，根据后缀指定一个标签解析类来负责这个标签的解析。

演示二 定义一个标记库描述文件。

在 Hello 项目根目录下的 WEB-INF 下添加一个 tld 文件 mytags.tld。

*************************** 代码 1-10-3 mytags.tld ***************************

```
1    <?xml version="1.0" encoding="utf-8" ?>
2    <!DOCTYPE taglib
3            PUBLIC "-//Sun Microsystems, Inc.//DTD JSP Tag Library 1.1//EN"
4            "http://java.sun.com/j2ee/dtds/web-jsptaglibrary_1_1.dtd">
5    <taglib>
6      <tlibversion>1.0</tlibversion>
7      <jspversion>1.1</jspversion>
8      <shortname>mytags</shortname>
9      <info>Simple example library.</info>
10     <tag>
11       <name>hello</name>
12       <tagclass>tags.HelloTag</tagclass>
13       <bodycontent>empty</bodycontent>
14       <info>Simple example</info>
15     </tag>
16   </taglib>
```
****

第 1 行是 XML 文件的申明，第 2 行是标记的申明，<taglib>是根节点，第 10~15 行是对一个标记的完整配置信息，其中 name 匹配自定义标记的后缀，tagclass 指定解析类，相当于在自定义标记的后缀和解析类之间建立联系。上面的演示确定了后缀是"hello world!"的某个自定义标签由 tags 包下的 HelloTag 类来解析执行。

bodycontent 指定这个标签是否有主体内容，如果没有就写 empty，如果有，可以写 JSP。

3）taglib 指令与 web.xml 文件。自定义标签的 JSP 文件如何知道到在哪一个 tld 文件中寻找解析的线索呢？JSP 文件与 tld 文件之间关联需要借助 JSP 的 taglib 指令和网站的配置文件 web.xml 文件。

例如，定义了一个 JSP 网页 test_hellotag.jsp，里面包含一个自定义标签<mytags:hello>，tld 文件和解析类在演示一、二中已经完成，那么为了让 JSP 找到指定的 tld 文件，从而最终找到解析类的位置，必须要添加一个 taglib 指令。

演示三 为 test_hellotag.jsp 文件添加 taglib 指令。

在 Hello 项目中添加一个新的 JSP 文件 test_hellotag.jsp，该文件代码如下所示。

*********************** 代码 1-10-4　test_hellotag.jsp ***********************
```
1   <%@ page contentType="text/html; charset=utf-8" %>
2   <%@ taglib prefix="mytags" uri="mytags" %>
3   <!DOCTYPE HTML PUBLIC "-//W3C//DTD HTML 4.01 Transitional//EN">
4   <html>
5     <head>
6       <title>测试一个简单的标签</title>
7     </head>
8     <body>
9       <mytags:hello/>
10    </body>
11  </html>
```
****

第 2 行 taglib 指令中的 prefix 代表前缀,uri 与代码 1-10-5 中的 web.xml 文件中的 taglib-uri
标签内容相互匹配,合在一起的含义是,JSP 文件中的前缀是 mytags 的自定义标签,其解析
信息在/WEB-INF/mytags.tld 文件中描述。

打开 Hello 项目中的 web.xml 文件,在 Servlet 配置的前面添加如下标签。

*********************** 代码 1-10-5　web.xml 部分标记 ***********************
```
1   <?xml version="1.0" encoding="utf-8"?>
2   <web-app>
3   <jsp-config>
4       <taglib>
5         <taglib-uri>mytags</taglib-uri>
6         <taglib-location>/WEB-INF/mytags.tld</taglib-location>
7       </taglib>
8   </jsp-config>
9   …
10  </web-app>
```
****

运行 Hello 网站,测试 test_hellotag.jsp,效果如图
1-10-2 所示。

综上所述,自定义标签的解析过程如图 1-10-3 所示。

图 1-10-2　test_hellotag.jsp 运行效果

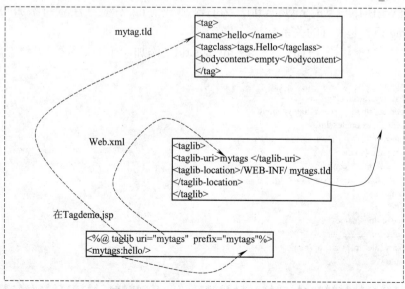

图 1-10-3　<mytags:hello/>解析过程

3．自定义标签的其他用法

自定义标签还有很多扩展的用法，例如，带属性的标签、带体内容的标签和嵌套的标签。

演示四　展示带属性和主体内容的标签如何解析。

1）在 Hello 项目中新建一个类 StrongTag，放入包 tags 中，源代码如下所示。

************************** **代码 1-10-6　StrongTag.java ***************************

```
1   package tags;
2   import javax.servlet.jsp.tagext.*;
3   import javax.servlet.jsp.*;
4   public class StrongTag extends BodyTagSupport {
5    int size;
6    String color;
7    String str;
8     public void setSize (int s){
9             size=s;
10    }
11    public void setColor(String c){
12            color=c;
13    }
14    public int doEndTag() throws JspTagException {
15        try {
16             pageContext.getOut().write("<font color="+color+
17             "><h"+size+   "><B>"+ str+ "</B>"+ "</h"+size+"></font>");
18            }
19            catch (Exception ex) {
20                    ex.printStackTrace();
21            }
22            return EVAL_PAGE;
23    }
24    public int doAfterBody(){
25            str=bodyContent.getString();
26            return EVAL_PAGE;
27   }
28  }
```

****

2）打开 WEB-INF 下的 mytags.tld，为它添加一个 tag 标签（注意新添加的 tag 标签与之前定义的 tag 标签是平行的关系）。

***************** 代码 1-10-7　修改 mytags.tld（添加一个 tag 标签）***************

```
1   <tag>
2       <name>strong</name>
3       <tagclass>tags.StrongTag</tagclass>
4       <bodycontent>tagdependent</bodycontent>
5       <info>Simple example</info>
6       <attribute>
7         <name>size</name>
8         <required>true</required>
9         <rtexprvalue>true</rtexprvalue>
10      </attribute>
11      <attribute>
12        <name>color</name>
13        <required>true</required>
14        <rtexprvalue>true</rtexprvalue>
15      </attribute>
16    </tag>
```

****

3）在 Hello 项目中添加一个新的 JSP 文件：test_strongtag.jsp，该文件代码如下所示。

********************* 代码 1-10-8　test_strongtag.jsp **********************

```
1   <%@ page contentType="text/html; charset=utf-8" %>
2   <%@ taglib prefix="mytags" uri="mytags" %>
3   <!DOCTYPE HTML PUBLIC "-//W3C//DTD HTML 4.01 Transitional//EN">
4   <html>
5     <head>
6       <title>测试一个简单的标签</title>
7     </head>
8     <body>
9       <mytags:strong color="red" size="20">这是内容</mytags:strong>
10    </body>
11  </html>
```

****

4）检查 Hello 项目下的 web.xml 文件，该文件应该包含如图 1-10-4 所示的 taglib 标签。

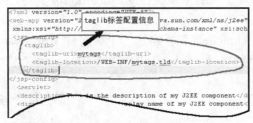

图 1-10-4　web.xml 中的 taglib 标签截图

运行网站，测试 test_strongtag.jsp，效果如图 1-10-5 所示：

图 1-10-5　test_strongtag.jsp 运行效果

演示五　定义一个用来显示留言的自定义标签，减轻 JSP 的代码压力。

1）在任务八代码 1-8-6 修改的 greenbardb.sql 文件的结尾，添加如下代码。

******************** 代码 1-10-9　greenbardb.sql增加的SQL语句 ******************

```
1   create table words(
2       wid   int   auto_increment primary key,
3       title nvarchar(50),
4       name nvarchar(50),
5       email nvarchar(50),
6       content nvarchar(3000),
7       reback   nvarchar(1000),
8       pubtime datetime,
9       retime   datetime,
10      ifforproduct int,
11      pid   int
12  );
13  insert into words(title ,name,email,content,reback,pubtime,retime,ifforproduct ,pid)
14  values('very good','游客 1','abc@1.com','vary good','thanks','2010-1-2','2010-2-1',1,1);
15  insert into words(title ,name,email,content,reback,pubtime,retime,ifforproduct ,pid)
16  values('very good','游客 2','abc@2.com','vary good','thanks','2010-1-2','2010-2-1',1,1);
17  insert into words(title ,name,email,content,reback,pubtime,retime,ifforproduct ,pid)
18  values('very good','游客 3','abc@3.com','vary good','thanks','2010-1-2','2010-2-1',0,null);
19  insert into words(title ,name,email,content,reback,pubtime,retime,ifforproduct ,pid)
20  values('very good','游客 4','abc@4.com','vary good','thanks','2010-1-2','2010-2-1',0,null);
21  insert into words(title ,name,email,content,reback,pubtime,retime,ifforproduct ,pid)
```

```
22      values('very good','游客 5','abc@5.com','vary good','thanks','2010-1-2','2010-2-1',0,null);
23      insert into words(title ,name,email,content,reback,pubtime,retime,ifforproduct ,pid)
24      values('very good','游客 6','abc@6.com','vary good','thanks','2010-1-2','2010-2-1',0,null);
25      insert into words(title ,name,email,content,reback,pubtime,retime,ifforproduct ,pid)
26      values('very good','游客 7','abc@7.com','vary good','thanks','2010-1-2','2010-2-1',0,null);
27      insert into words(title ,name,email,content,reback,pubtime,retime,ifforproduct ,pid)
28      values('very good','游客 8','abc@8.com','vary good','thanks','2010-1-2','2010-2-1',0,null);
29      insert into words(title ,name,email,content,reback,pubtime,retime,ifforproduct ,pid)
30      values('very good','游客 9','abc@9.com','vary good','thanks','2010-1-2','2010-2-1',0,null);
31      insert into words(title ,name,email,content,reback,pubtime,retime,ifforproduct ,pid)
32      values('very good','游客 10','abc@10.com','vary good','thanks','2010-1-2','2010-2-1',0,null);
33      insert into words(title ,name,email,content,reback,pubtime,retime,ifforproduct ,pid)
34      values('very good','游客 11','abc@11.com','vary good','thanks','2010-1-2','2010-2-1',0,null);
35      insert into words(title ,name,email,content,reback,pubtime,retime,ifforproduct ,pid)
36      values('very good','游客 12','abc@12.com','vary good','thanks','2010-1-2','2010-2-1',0,null);
```
****

在 MySQL 数据库管理工具中重新执行 greanbardb.sql 文件，在原有数据表的基础上创建留言表 words。

2）在项目 GreenBar 的 models 包下添加一个类文件 WordBean.java，代码如下所示。

************************ 代码 1-10-10　 WordBean.java ************************

```java
1       package models;
2       public class WordBean {
3           int wid;
4           String title,name,email,content,reback;
5           String pubtime,retime;
6           String   ifforproduct, pid;
7       public int getWid() {
8               return wid;
9       }
10      public void setWid(int wid) {
11              this.wid = wid;
12      }
13      public String getTitle() {
14              return title;
15      }
16      public void setTitle(String title) {
17              this.title = title;
18      }
19      public String getName() {
20              return name;
21      }
22      public void setName(String name) {
23              this.name = name;
24      }
25      public String getEmail() {
26              return email;
27      }
28      public void setEmail(String email) {
29              this.email = email;
30      }
31      public String getContent() {
32              return content;
33      }
34      public void setContent(String content) {
35              this.content = content;
36      }
37      public String getReback() {
38              return reback;
```

```
39              }
40          public void setReback(String reback) {
41                  this.reback = reback;
42          }
43          public String getPubtime() {
44                  return pubtime;
45          }
46          public void setPubtime(String pubtime) {
47          this.pubtime = pubtime;
48          }
49          public String getRetime() {
50                  return retime;
51          }
52          public void setRetime(String retime) {
53                  this.retime = retime;
54          }
55          public String getIfforproduct() {
56                  return ifforproduct;
57          }
58          public void setIfforproduct(String ifforproduct) {
59                  this.ifforproduct = ifforproduct;
60          }
61          public String getPid() {
62                  return pid;
63          }
64          public void setPid(String pid) {
65                  this.pid = pid;
66          }
67          public WordBean() {}
68          public WordBean(int wid, String title, String name, String email,
69                      String content, String reback, String ifforproduct, String pid) {
70              super();
71              this.wid = wid;
72              this.title = title;
73              this.name = name;
74              this.email = email;
75              this.content = content;
76              this.reback = reback;
77              this.ifforproduct = ifforproduct;
78              this.pid = pid;
79          }
80      }
```

****

3）在项目 GreenBar 的 models 包下添加一个类文件 Words.java，代码如下所示。

*************************** 代码 1-10-11　　Words.java *************************

```
1      package models;
2      import java.sql.ResultSet;
3      import java.util.ArrayList;
4      public class Words extends DB{
5          public ArrayList getWords(){
6              String sql="select * from words ";
7              ArrayList a=null;
8              WordBean temp;
9              try{
10                 ResultSet rs=super.executeQuery(sql);
11                 if (rs!=null && rs.next()){
12                     a=new ArrayList();
13                     do{
14                         int wid=rs.getInt("wid");
```

```
15                              String title=rs.getString("title");
16                              String name=rs.getString("name");
17                              java.util.Date pubtime=rs.getDate("pubtime");
18                              java.text.SimpleDateFormat f=
19     new    java.text.SimpleDateFormat("yy-MM-dd");
20                                  String pubtimestr=f.format(pubtime);
21                              temp=new WordBean();
22                              temp.setWid(wid);
23                              temp.setName(name);
24                              temp.setTitle(title);
25                              temp.setPubtime(pubtimestr);
26                              a.add(temp);
27                          } while(rs.next());
28                  }
29              return a;
30          }catch(Exception ex){
31                  ex.printStackTrace();
32                  return null;
33          }
34      }
35  }
```

****

注意　代码中用到的 DB 类在任务八（代码 1-8-3）中已经创建，这里不再提供代码。

4）在项目 GreenBar 下添加一个类文件 WordTag.java，放入包 tags 中，代码如下所示。

************************* 代码 1-10-12　WordTag.java *************************

```
1      package tags;
2      import java.io.IOException;
3      import java.util.Iterator;
4      import java.util.List;
5      import javax.servlet.jsp.tagext.*;
6      import javax.servlet.http.HttpServletRequest;
7      import javax.servlet.jsp.JspTagException;
8      import javax.servlet.jsp.JspWriter;
9      import java.util.*;
10     import models.*;
11     public class WordTag extends TagSupport{
12          public int doEndTag() throws JspTagException {
13              try {
14                  JspWriter out=pageContext.getOut();
15                  HttpServletRequest request=
16     (HttpServletRequest)pageContext.getRequest();
17                  //获得当前页面的参数
18                  String typeid=request.getParameter("typeid");
19                  Words db=new Words();
20                  List l=db.getWords();
21                  if(l!=null){
22                          Iterator i=l.iterator();
23                          WordBean temp=null;
24      out.println("<table width='580' border='1' align='center'
25                          cellpadding='0' cellspacing='0'>");
26                          out.println("<tr>");
27                          out.println("<td width='100'>留言人</td>");
28                          out.println("<td>标题</td>");
29                          out.println("<td>时间</td>");
30                          out.println("</tr>");
31                          for(int m=0;m<8;m++){
32                              if(i.hasNext()){
33                                  temp=(WordBean)i.next();
```

```
34                                    int wid=temp.getWid();
35                                    String name=temp.getName();
36                                     String title=temp.getTitle();
37                                    String pubtime=temp.getPubtime();
38                                    String href="onewords.jsp?wid="+wid;
39                                    out.println("<tr>") ;
40                            out.println("<td width='100'>"+name+"</td>") ;
41           out.println("<td><a href='"+href+"'>"+title+"</a></td>") ;
42                            out.println("<td>"+pubtime+"</td>") ;
43                            out.println("</tr>") ;
44                        }
45                    out.println("<div   class='page'>") ;
46                    out.println("<a href='#'>首页</a>") ;
47                    out.println("<a href='#'>上页</a>") ;
48                    out.println("<a href='#'>下页</a>") ;
49                    out.println("<a href='#'>末页</a>") ;
50                    out.println("</div>") ;
51                    out.println("</table>") ;
52            }else{
53                    out.println("没有留言");
54                }
55        } catch (IOException ex) {
56      throw new JspTagException("Fatal error: hello tag could not write to JSP out");
57        }
58        return EVAL_PAGE;
59    }
60 }
```

`*******************************************************************`

5）在项目 GreenBar 下 WEB-INF 下添加一个 tld 文件 mytags.tld，代码如下所示。

`********************** 代码 1-10-13　mytags.tld **************************`

```
1  <?xml version="1.0" encoding="utf-8" ?>
2  <!DOCTYPE taglib
3          PUBLIC "-//Sun Microsystems, Inc.//DTD JSP Tag Library 1.1//EN"
4          "http://java.sun.com/j2ee/dtds/web-jsptaglibrary_1_1.dtd">
5  <taglib>
6    <tlibversion>1.0</tlibversion>
7    <jspversion>1.1</jspversion>
8    <shortname>mytags</shortname>
9    <info>Simple example library.</info>
10   <tag>
11     <name>showwords</name>
12     <tagclass>tags.WordTag</tagclass>
13     <bodycontent>empty</bodycontent>
14     <info>Simple example</info>
15   </tag>
16  </taglib>
```

`*******************************************************************`

6）在 GreenBar 项目原来的 web.xml 中添加 taglib 标签，内容如图 1-10-4 所示。

7）在 GreenBar 项目中添加一个新的 JSP 文件 words.jsp，代码如下所示。

`********************** 代码 1-10-14　words.jsp **************************`

```
1  <%@ page language="java" import="java.util.*,java.sql.*" pageEncoding="utf-8"%>
2  <%@ page import ="models.*"%>
3  <%@ taglib prefix="mytags" uri="mytags" %>
4  <!DOCTYPE html PUBLIC "-//W3C//DTD XHTML 1.0 Transitional//EN"
5  "http://www.w3.org/TR/xhtml1/DTD/xhtml1-transitional.dtd">
6  <html xmlns="http://www.w3.org/1999/xhtml">
```

133

```
7    <head>
8    <meta http-equiv="Content-Type" content="text/html; charset=utf-8" />
9    <title>留言列表</title>
10   <style type="text/css">
11   <!--
12   body{
13       font-size: 12px;
14       line-height: 20px;
15   }
16   table {
17       margin-top: 30px;
18   }
19   #main {
20       float: left;
21       width: 600px;
22       height: auto;
23   }
24   h5{
25     display: block;
26     float: left;
27     margin: 0px;
28     padding:0px;
29     width: 600px;
30     background-color: #336600;
31     color: #FFFF99;
32   }
33   .page{
34       width:350px;
35       float:left;
36       margin-left:100px;
37       margin-top: 5px;
38       margin-right: 5px;
39       margin-bottom: 5px;
40       height: 30px;
41   }
42   .page    a {
43       text-decoration: none;
44       color: #666600;
45       width: 80px;
46       margin: 0px;
47       padding: 0px;
48       text-align: center;
49       display: block;
50       float: left;
51   }
52   .page    a:hover{
53       color: #660000;
54       text-decoration:underline
55   }
56   -->
57   </style>
58   </head>
59   <body>
60   <div id="main">
61           <h5>首页>>新闻中心</h5>
62               <mytags:showwords/>
63   </div>
64   </body>
65   </html>
66
```

****

运行 GreenBar 网站，测试 words.jsp，效果如图 1-10-6 所示。

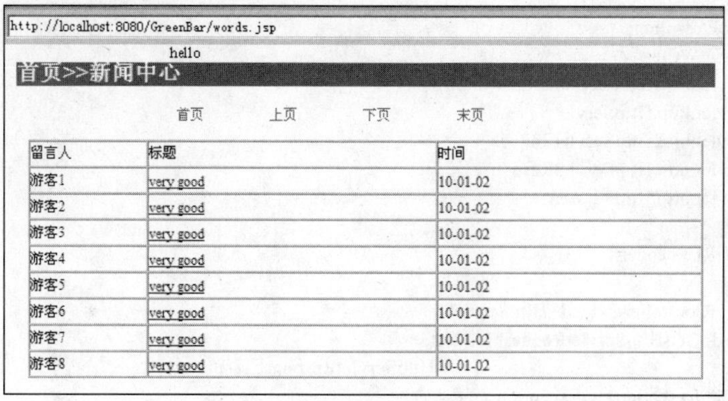

http://localhost:8080/GreenBar/words.jsp

hello

首页>>新闻中心

首页　　　上页　　　下页　　　末页

留言人	标题	时间
游客1	very good	10-01-02
游客2	very good	10-01-02
游客3	very good	10-01-02
游客4	very good	10-01-02
游客5	very good	10-01-02
游客6	very good	10-01-02
游客7	very good	10-01-02
游客8	very good	10-01-02

图 1-10-6　words.jsp 运行效果

任务实施

1. 任务单

本次任务的任务清单见表 1-10-1。

表 1-10-1　任务十的任务清单

序　号	任　务	功 能 描 述
1	mvclogin.html	登录页面
2	MemberBean.java	会员数据模型
3	DB.java	数据库访问类
4	Members.java	会员操作类
5	LoginController.java	登录判断控制器
6	mytags.tld	标记库描述文件，描述标记的各种属性
7	web.xml	网站配置文件，用来配置标记库文件的路径
8	CheckLoginTag.java	标记解析类，用来解释标记如何解析
9	需要身份验证页面的 taglib 指令配置	用来在 JSP 页面表明自定义标签的解析路径

2. 实施步骤

步骤一　确认数据库 GreenBar 中已经存在 admins 表（任务四的代码 1-4-3 创建了该表）。

步骤二　GreenBar 项目根目录下添加一个 mvclogin.jsp 文件，如果任务八（任务八的代码 1-8-1 创建了该文件）已经完成此文件的创建，可以省略此步骤。

步骤三　检查 GreenBar 项目下是否有 DB.java（任务八的代码 1-8-3 创建了该文件）、MemberBean.java（任务八的代码 1-8-2 创建了该文件）、Members.java（任务八的代码 1-8-4 创建了该文件）。

步骤四　修改 GreenBar 项目下原有的 Servlet 文件 LoginController（任务八的代码 1-8-5 创建了该文件），修改后的代码如下所示。

135

******************* 代码 1-10-15　修改后的 LoginController.java *******************

```
1    package servlets;
2    import java.io.IOException;
3    import java.io.PrintWriter;
4    import javax.servlet.ServletException;
5    import javax.servlet.http.HttpServlet;
6    import javax.servlet.http.HttpServletRequest;
7    import javax.servlet.http.HttpServletResponse;
8    import javax.servlet.http.HttpSession;
9    import java.sql.*;
10   import java.net.URLEncoder;
11   import models.*;
12   public class LoginController extends HttpServlet {
13       public void doGet(HttpServletRequest request,
14                                         HttpServletResponse response)
15       throws ServletException, IOException {
16           HttpSession session=request.getSession();
17           response.setContentType("text/html;charset=utf-8");
18           PrintWriter out = response.getWriter();
19           //接受用户的请求
20           String user=request.getParameter("taccount");
21           String pwd=request.getParameter("tpassword");
22           String msg="";
23           //执行模型中的方法，获得登录判断的结果
24           try{
25               Members db=new Members();
26               MemberBean login=db.checkLogin(user, pwd);
27           if(login!=null){
28                   session.setAttribute("login", login);
29                   response.sendRedirect("bk_news_upload.jsp");
30           }else{
31                   if(session.getAttribute("login")!=null)
32                       session.removeAttribute("login");
33                   response.scndRedirect("bk_login.html");
34           }
35           }catch(Exception e){
36               System.out.println("出现的异常为"+e);
37               msg=URLEncoder.encode("对不起，数据错误","utf-8");
38               response.sendRedirect("bk_msg.jsp?msg="+msg);
39           }
40
41       }
42       public void doPost(HttpServletRequest request,
43                                         HttpServletResponse response)
44           throws ServletException, IOException {
45           doGet(request,response);
46       }
47   }
```
****

步骤五　在 GreenBar 项目下 tags 包下添加一个类文件 CheckLoginTag.java，代码如下所示。

********************** 代码 1-10-16　CheckLoginTag.java **********************

```
1    package tags;
2    import java.io.IOException;
3    import java.util.Iterator;
4    import javax.servlet.jsp.tagext.*;
5    import javax.servlet.http.*;
```

```
6        import javax.servlet.jsp.*;
7        import java.util.*;
8        import models.*;
9        public class CheckLoginTag extends TagSupport{
10           public int doEndTag() throws JspTagException {
11               try {
12                   HttpServletResponse response=
13                       (HttpServletResponse)pageContext.getResponse();
14                   HttpSession session=pageContext.getSession();
15                   if(session.getAttribute("login")==null){
16                       response.sendRedirect("bk_login.html");
17                   }
18
19               } catch (IOException ex) {
20                throw new JspTagException("Fatal error: hello tag could not write to JSP out");
21               }
22               return EVAL_PAGE;
23           }
24       }
```

步骤六　打开 GreenBar 下的 WEB-INF 下的 mytags.tld，为它添加一个 tag 标签（注意新添加的 tag 标签与之前定义的 tag 标签是平行的关系）。

*************** 代码 1-10-17　修改 mytags.tld（添加一个 tag 标签）***************

```
1    <tag>
2        <name>checklogin</name>
3        <tagclass>tags.CheckLoginTag</tagclass>
4        <bodycontent>empty</bodycontent>
5        <info>Simple example</info>
6    </tag>
```

****

步骤七　在 GreenBar 项目原来的 web.xml 中添加 taglib 标签，内容如图 1-10-4 所示（如果已经添加可以省略此步），另外检查之前创建的 LoginController.java 这个 Servlet 的路径映射是否是 login。

到此，用来作身份验证的自定义标签就算是定义完成了，剩下就是如何使用自定义标签的问题。

步骤八　使用自定义标签：在需要作登录判断的页面最上面，添加如下两行代码：

```
<%@taglib uri="mytags" prefix="mytags"%>
<mytags:checklogin/>
```

现以后台管理的新闻发布页面为例，展示这个标签的用法。因为只有 JSP 文件才能使用自定义标签，所以在原来 GreenBar 项目下创建的 bk_news_upload.html 先要转换成 JSP 文件。具体转换方法如下：

1）添加一个新的 JSP 文件 bk_news_upload.jsp，然后保留 bk_news_upload.jsp 文件中的第一行，并把编码改为 UTF-8，其他行全部删除掉。

2）在 bk_news_upload.jsp 文件第 2 行处添加如下两行代码：

```
<%@tagli buri="mytags"prefix="mytags"%>
<mytags: checklogin/>
```

3）将 bk_news_upload.html 全部代码复制粘贴到 bk_news_upload.jsp 的第 4 行之后。

4）测试运行 GreenBar 项目，浏览 bk_news_upload.jsp 页面，发现页面会直接跳转到 bk_login.html。登录之后再测试，就可以正常访问新闻发布页面了。

自我评价

评分项目	评分标准	分值	得分
基本要求	理解 tld 文件的 tag 标签配置方法	10	
	理解 web.xml 中 taglib 标签的配置方法	10	
	理解 taglib 指令的写法	10	
	知道标签解释类的基本结构	10	
操作要求	会使用标签库中的标签	20	
	会为网站设计显示功能的自定义标签	20	
	会为后台页面实现登录检查标签	20	
合　计		100	

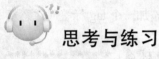 思考与练习

一、简答题

1. 自定义标签与 HTML 标准标签的区别是什么？

2. 简述 web.xml、tld 文件和标签解析类在自定义标签实现过程中的作用。

二、填空题

1. TagSupport 类中处理标签解析的两个核心方法是＿＿＿＿＿＿和＿＿＿＿＿＿。

2. tld 文件中 tag 标签的子标签有＿＿＿、＿＿＿、＿＿＿和＿＿＿等。

三、操作题

模仿本次任务的演示五，使用自定义标签实现后台获取留言者的 email 列表，效果如图 1-10-7 所示。

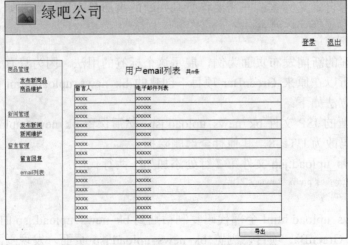

图 1-10-7　后台获取 email 列表效果图

项目二

绿吧旅游用品交易平台开发

任务一　网站项目分析与总体设计

➥ 学习目标
  ➢ 了解绿吧旅游用品交易平台的需求。
  ➢ 熟悉交易平台的基本模块。
  ➢ 能为该网站建立网站结构图。
  ➢ 能设计该网站的界面草图。
  ➢ 能设计该网站的数据库结构。

 项目描述

绿吧旅游用品公司为了拓展电子商务业务，准备开发一个旅游用品综合交易平台，该平台能够提供公司商品的在线交易功能，并借助论坛、驴友相互晒游记、攻略、照片等功能来聚拢目标消费人群，培养网站文化，引导一种绿色、健康、又时尚的旅游生活方式。该公司提供的主要产品有冲锋衣裤、速干衣、polo 衫、徒步鞋、溯溪鞋；登山包、徒步包、休闲包；帐篷、睡袋、便携式餐具、折叠桌椅等。

 任务描述

本次任务需要充分了解平台的需求，能合理地设置网站的功能模块，绘制网站结构图、界面草图，并在此基础上设计相关的数据库系统。

 任务分析与相关知识

1. 常见交易平台的功能模块

分析目前常见的交易平台网站，如淘宝、京东、当当，会发现能够在线交易的网站一般都有如下模块：

1）购物车。
2）会员管理。
3）订单管理。
4）商品评价。
5）留言（站内信、即时留言等形式）。

结合绿吧公司的业务需求，应该为交易平台选择购物车、会员管理、订单管理、商品评价、站内信形式的留言管理等基本模块；同时为了建立用户之间的沟通渠道，应该交易平台添加论坛模块；为了营造一种宣传驴友健康、绿色生活方式的网站文化，建议为交易平台添加游记分享模块。

2. 功能模块分析

结合绿吧旅游用品交易平台的定位，可以确定网站必须具备的模块和首页应该具备的基本内容，见表 2-1-1。

表 2-1-1　网站的基本模块及其功能

模　　块	主　要　功　能
首页	1）在主要的位置能看到公司的最新产品或者是企业需要重点推广的产品信息 2）提供商品搜索的功能，能让用户直接搜索到感兴趣的产品 3）在主要位置能看到最新发表的游记 4）提供快速登录的功能 5）提供导航功能，能进入各级子模块
会员	能注册、登录、修改个人资料
商品	1）提供方便的分类浏览、搜索商品的方式 2）能查看一件商品的详细信息及评论
购物车	能购买商品、查看购物车、下订单
订单	能下订单、查询订单
留言	能给其他会员留言、能查看留言
论坛（说说话）	能分类浏览帖子、发帖子、回复帖子
分享游记	能看游记、发表游记

3. 技术分析

本项目使用 JSP 技术实现上述模块的开发。通过项目一，我们已经了解 JSP 的核心技术：

1）脚本。

2）Servlet。

3）JavaBean。

4）JDBC。

5）MVC 设计模式。

6）自定义标签的应用。

7）请求、响应、会话等 Web 对象。

这些技术同样是本项目的技术基础，项目二的实现思路如图 2-1-1 所示。

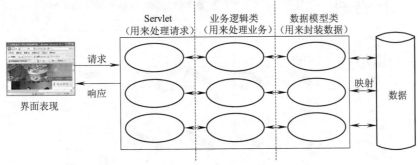

图 2-1-1　项目二的实现技术框架

 **任务实施**

1. 绘制网站的基本结构图

结合网站的模块分析，可以确定网站的基本结构，如图 2-1-2 所示。

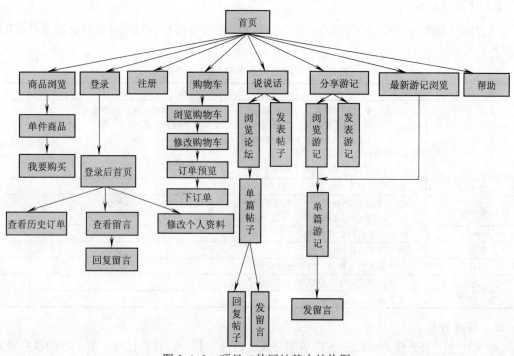

图 2-1-2　项目二的网站基本结构图

2．设计网站的基本界面

结合网站结构设计及功能定位，可以绘制整个网站的页面原型，利用原型可以清晰地展示网站的结构、流程，便于企业需求方全面了解网站的设计思路，也能尽早暴露设计的缺陷和不足，便于网站设计人员在早期就能按照新的需求修改和改进网站的设计。结合原型设计可以完成整个网站项目的界面设计。

1）首页界面。首页效果如图 2-1-3 所示。

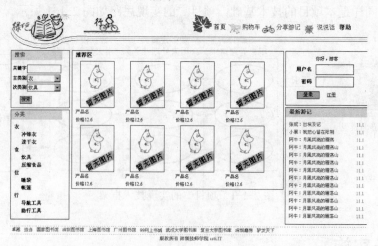

图 2-1-3　首页（登录前）

在首页登录成功之后显示如图 2-1-4 所示效果。

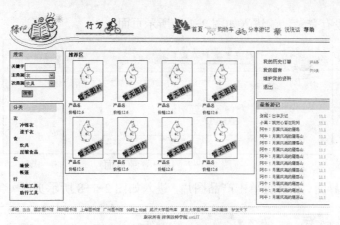

图 2-1-4　首页（登录后）

2）会员模块界面。在首页单击"注册"，进入如图 2-1-5 所示的用户注册页面。

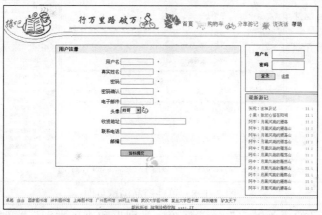

图 2-1-5　用户注册页面

从首页登录之后，单击"维护我的资料"，进入如图 2-1-6 所示页面。

图 2-1-6　用户资料修改页面

如果单击了只有会员才能使用的功能（如商品的购买、购物车的浏览、发帖、写游记等），而当前浏览者又没有登录，就进入如图 2-1-7 所示页面。

图 2-1-7　用户登录页面

3）商品模块界面。在首页单击产品图片，进入如图 2-1-8 所示页面（含对商品的评价）。

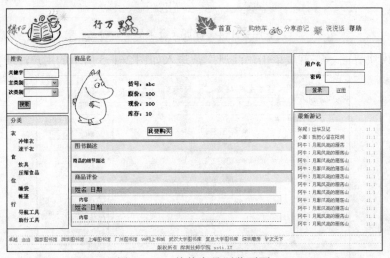

图 2-1-8　单件商品浏览页面

在首页输入产品的"关键字"，选择"主类别"和"子类别"类型后，单击"搜索"按钮，或单击商品的分类，进入如图 2-1-9 所示页面。

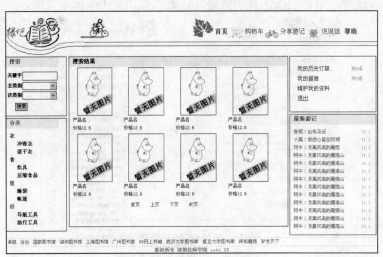

图 2-1-9　商品搜索结果页面

4）购物车模块界面。在页眉导航栏中单击"购物车"，进入如图 2-1-10 所示页面。

图 2-1-10　购物车浏览页面

5）订单模块界面。在购物车浏览页面单击"去结算"按钮，进入如图 2-1-11 所示页面。

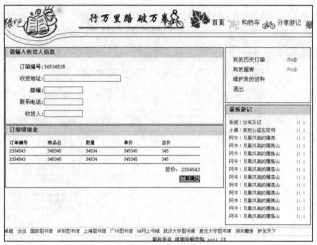

图 2-1-11　订单预览页面

从首页登录之后，单击"我的历史订单"，进入如图 2-1-12 所示页面。

图 2-1-12　用户的历史订单查看页面

JSP 网站开发

6）商品评价模块界面。在用户的历史订单查看界面中单击"评价"，进入如图 2-1-13 所示页面。

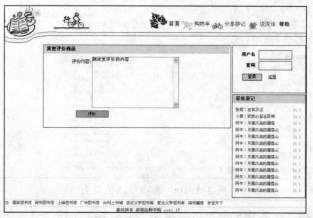

图 2-1-13　商品评价页面

7）留言模块界面。从首页登录之后，单击"我的留言"，进入如图 2-1-14 所示页面。

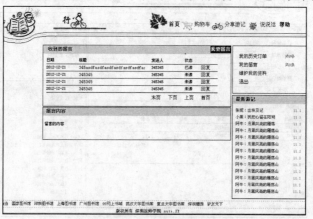

图 2-1-14　用户留言查看页面

在用户留言查看页面中单击"我要留言"或"回复"，或在游记浏览页面单击"给作者留言"，可以进入如图 2-1-15 所示页面。

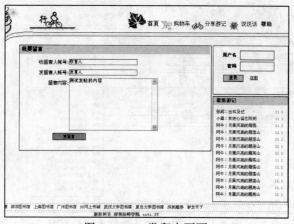

图 2-1-15　发留言页面

8）游记模块界面。在页眉导航菜单中单击"分享游记"，进入如图 2-1-16 所示页面。

图 2-1-16　游记分享页面

在游记分享页面中单击"more>>"，进入如图 2-1-17 所示页面。

图 2-1-17　游记列表页面

在游记分享页面中单击游记标题或在游记列表页面单击游记的标题，进入如图 2-1-18 所示页面。

图 2-1-18　游记浏览页面

在游记分享页面单击"我要发表游记"，进入如图 2-1-19 所示页面。

图 2-1-19　游记发表页面

9）论坛模块界面。在页眉导航菜单中单击"说说话"，进入如图 2-1-20 所示页面。

图 2-1-20　论坛首页页面

在论坛首页中单击"我要发帖"按钮，进入如图 2-1-21 所示页面。

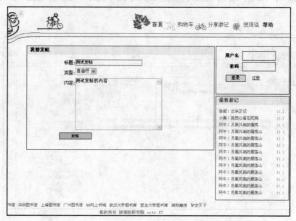

图 2-1-21　发新帖页面

在论坛首页中单击帖子的标题，进入如图 2-1-22 所示页面。

图 2-1-22　帖子浏览页面

3. 设计网站后台数据库的基本结构

根据网站界面原型，可以了解网站需要存储哪些数据。项目二需要的数据库的基本结构如图 2-1-23 所示。

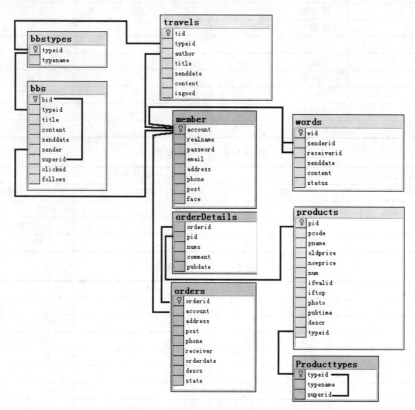

图 2-1-23　项目二数据库关系图

根据上图所示的数据库设计思路和网站对数据存储的具体需求，可以确定项目二后台数据库所有表的基本结构，见表 2-1-2～表 2-1-10。

表 2-1-2　会员表

表名：member		说明：会员表	
字段	类型	约束	描述
account	字符串	主键	账号
realname	字符串	不为空	真实姓名
password	字符串	不为空	密码
email	字符串	不为空	电邮
address	字符串		地址
phone	字符串		电话
post	字符串		邮编
face	字符串		头像图片名

表 2-1-3　产品表

表名：products		说明：产品表	
字段	类型	约束	描述
pid	自动编号	主键	编号
pcode	字符串	不为空	货号
pname	字符串	不为空	产品名称
oldprice	浮点数	不为空	原价
nowprice	浮点数		现价
num	整数	不为空	库存量
ifvalid	整数	是和否	是否上架
iftop	整数	是和否	是否首页显示
photo	字符串	不为空	产品照片
pubtime	日期	不为空	上架日期
descr	字符串	不为空	产品描述
typeid	整数	不为空	产品类型编号

表 2-1-4　产品类型表

表名：producttypes		说明：产品类型表	
字段	类型	约束	描述
typeid	整数	主键	编号
typename	字符串	不为空	新闻类型名称
superid	整数		父类编号

表 2-1-5　订单表

表名：orders		说明：订单表	
字段	类型	约束	描述
orderid	字符串	主键	订单编号
account	字符串	不为空	下单人账号
address	字符串		地址
post	字符串		邮编
phone	字符串		电话
receiver	字符串		收件人
orderdate	日期		下单日期
descs	字符串		留言
state	整数	0 代表未处理 1 代表已处理	订单状态

表 2-1-6　订单从表

表名：orderdetails		说明：订单从表	
字段	类型	约束	描述
orderid	字符串	复合主键	订单编号
pid	整数		购买的产品编号
num	整数		购买数量
comment	字符串		评价
pubdate	日期		评价日期

表 2-1-7　留言表

表名：Words		说明：留言表	
字段	类型	约束	描述
wid	整数	主键	留言编号
senderid	字符串		发言人会员账号
receiverid	字符串		收言人会员账号
senddate	日期		日期
content	字符串		内容
status	整数	0 代表未读 1 代表已读	状态

表 2-1-8　论坛及游记类型表

表名：bbstypes		说明：论坛及游记类型表	
字段	类型	约束	描述
typeid	整数	主键	编号
typename	字符串	不为空	类型名称

表 2-1-9　游记表

表名：travels		说明：游记表	
字段	类型	约束	描述
tid	整数	主键	编号
typeid	整数	不为空	类型编号
author	字符串		作者
title	字符串		标题
senddate	日期		发表日期
content	字符串		内容
isgood	整数	0 代表普通帖子 1 代表精华贴	是否精华

表 2-1-10　帖子表

表名：bbs		说明：帖子表	
字段	类型	约束	描述
bid	整数	主键	编号
typeid	整数	不为空	类型编号

（续）

字段	类型	约束	描述
title	字符串	不为空	标题
content	字符串	不为空	内容
senddate	日期	不为空	发贴日期
sender	字符串	不为空	发帖人
superid	整数	不为空	父贴 id
clicked	整数	不为空	单击率
follows	整数	不为空	跟贴数

请读者根据表 2-1-2～表 2-1-10 的数据库结构设计，完成构建 GreenBar 数据库的 SQL 脚本 greenbar.sql。

在 MySQL 服务器中执行 greenbar.sql，成功建立了项目二的测试数据库。

4. 检查已经创建的数据库

在 MySQL 服务器控制台中执行如图 2-1-24 所示指令，检查是否成功创建 GreenBar 数据库，并在该数据库下建立了 9 个相关的表。

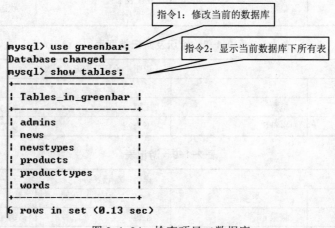

图 2-1-24 检查项目二数据库

自我评价

评分项目	评分标准	分值	得分
知识要求	理解项目二的建站需求	20	
	知道数据库设计的基本格式与步骤	20	
操作要求	会根据网站需求设计数据库并绘制数据库关系图	20	
	会根据数据库关系图设计具体的表格式	20	
	会根据数据库设计需求编写 SQL 脚本	20	
合　　计		100	

152

任务二 搭建公共环境

➤ **学习目标**
- ➢ 了解公共常量的处理方式。
- ➢ 会定义常量。
- ➢ 了解基本的 JavaScript 语法。
- ➢ 会使用 JavaScript 验证表单数据。
- ➢ 能设计该网站的数据库结构。

任务描述

确定网页之间公共常量的定义，本次任务需要为项目二搭建公共环境。确定网页表单验证的基本方式，确定合理的文件结构与管理方式。

任务分析与相关知识

1. 分析各个网页之间需要共享的数据

绿吧交易平台中很多信息的显示需要用到分页技术，分页就意味着要确定每一页需要显示信息的数量，这个数量在表示层用来确定数据显示的量，在模型层用来确定从数据库中取记录集的量，这些代表分页尺寸的数据最好定义成常量，放在一个公共类中统一维护（参考项目一任务九对分页的相关处理方式）。

另外，网页之间有些数据是需要共享的，最典型的代表就是购物车，还有就是登录之后的用户信息，这些数据都是以"键-值"对的形式储存在会话的属性中，所以要为这些属性设计统一的名称，也就是存储的键名，同样为了在使用这些公共属性的时候，不会因为手误写错属性的名称，也建议使用公共常量对这些属性的名称进行统一维护。

根据绿吧交易平台的界面原型，可以分析出需要存储的公共常量，见表 2-2-1。

表 2-2-1　公共常量表

用户分页的页码尺寸	用　途
PAGESIZE_PRODUCTS	产品中心页面中显示产品的数量
PAGESIZE_PRODUCTS_TOP	首页中显示产品的数量
PAGESIZE_ORDERS	查看历史订单页面中显示订单的数量
PAGESIZE_WORDS	查看留言页面中显示留言的数量
PAGESIZE_BBS	论坛主页中显示帖子的数量
PAGESIZE_TRAVEL	游记搜索结果显示页面中显示游记的数量
PAGESIZE_TRAVEL_ONTOP	首页中显示最新游记的数量
PAGESIZE_TRAVEL_Index	游记浏览首页中显示每种类型游记的数量
LOGIN	登录之后会话中用户信息属性的属性名
CART	会话中购物车属性的属性名

2. 项目二的目录结构设计

项目二同项目一一样，采用 JSP 的经典目录结构，如图 2-2-1 所示。

图2-2-1　项目二开发阶段目录结构

3. 网页表单验证的需求分析

表单是网页获取用户信息的基本形式，为了提升网页的用户体验，在设计表单时，要尽量减少用户出错的可能性，能够选择的就不要让用户输入，尽量让用户第一反应输入的信息是正确的，即使出现错误，也应该有明确的错误提示。另外，任何错误数据都应该在客户端发现并处理，不要提交到服务器端，这就需要使用客户端脚本，对表单要提交的数据进行验证。一般表单验证的思路如图 2-2-2 所示。

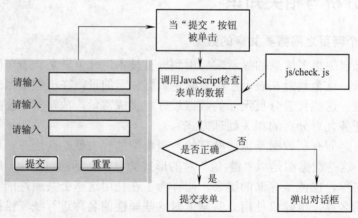

图2-2-2　项目二表单验证的基本模式

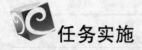

任务实施

步骤一　打开 MyEclipse，创建一个新的 Web 项目 greenbarb2c，并将访问 MySQL 所必须的 JDBC 驱动类文件包放到网站根目录下的 WebRoot\WEB-INF 下的 lib 文件夹中。

步骤二　根据图 2-2-1，修改 greenbarb2c 网站根目录的文件结构，也就是在 greenbarb2c 网站根目录 WebRoot 文件夹下创建 images、js、styles 等文件夹。

步骤三　在项目 greenbarb2c 下添加一个类文件 CONSTANTS.java，该文件放入包 common 中。该类的代码如下所示。

*************************** 代码2-2-1　CONSTANTS.java ***************************

```java
1   package common;
2   public class CONSTANTS {
3   public static final int PAGESIZE_PRODUCTS=8;
4   public static final int PAGESIZE_PRODUCTS_TOP=8;
5   public static final int PAGESIZE_ORDERS=8;
6   public static final int PAGESIZE_WORDS=6;
7   public static final int PAGESIZE_BBS=10;
8   public static final int PAGESIZE_TRAVEL=10;
9   public static final int PAGESIZE_TRAVEL_ONTOP=4;
10  public static final int PAGESIZE_TRAVEL_Index=16;
11  public static final String LOGIN="login";
12  public static final String CART="cart";
13  }
```

****

步骤四　在项目 greenbarb2c 下添加一个包 models，在 models 下添加一个类 DB，要求该类提供数据库访问共同的方法，如连接数据库、执行查询、执行更新等，请读者回顾项目一任务八相关内容完成编码任务。

步骤五　在项目 greenbarb2c 项目 WebRoot\js 下添加一个 js 文件 check.js，要求读者根据后面做的网页表单的验证需求，为该文件添加合适的表单验证方法。请读者回顾项目一任务七相关内容完成编码任务。

步骤六　在项目 greenbarb2c 项目 WebRoot\js 下添加一个 js 文件 effect.js，该文件用来实现商品搜索时选择商品类别需要的动态效果，代码如下所示。

*************************** 代码2-2-2　effect.js ***************************

```javascript
1   var Item=[new Option("请选择",0),
2           new Option("衣",1),
3           new Option("食",2),
4           new Option("住",3),
5           new Option("行",4)];
6   var details=new Array();
7   details[0]=[new Option("请选择",0),new Option("冲锋衣",5),new Option("速干衣",6)];
8   details[1]=[new Option("请选择",0),new Option("炊具",8),new Option("压缩食品",7)];
9   details[2]=[new Option("请选择",0),new Option("睡袋",10),new Option("帐篷",9)];
10  details[3]=[new Option("请选择",0),
11          new Option("导航工具",11),new Option("助行工具",12)];
12  window.onload=Init;
13  function Init(){
14   var _item=document.getElementById('selMainType');
15   var _item2=document.getElementById('selSubType');
16   _item2.options.add(new Option("请选择",0));
17   for(var i=0;i<Item.length;i++){
18          _item.options.add(Item[i]);
19   }
20   selectItem();
21  }
22  function selectItem(){
23   var _item=document.getElementById('selMainType');
24   if(_item.value==0) return;
25   var _item2=document.getElementById('selSubType');
26   _item2.length=0;//清空 item2 列表
27   for(var i=0;i<details[_item.value-1].length;i++){
28          //根据 item 的 vlue 选择 类型的详细信息;
29          _item2.options.add(details[_item.value-1][i]);
30   }
31  }
```

****

步骤七 在项目 greenbarb2c 项目 WebRoot 下添加一些图片、动画素材，用来支持网站的测试，具体要求如下：

1）在 images 子文件夹下添加一个 products 文件夹，在该文件夹下放置 sample.png，用来显示测试产品的图片。

2）在 images 子文件夹下添加一个 faces 文件夹，在该文件夹下放置 4 个文件 1.gif、2.gif、3.gif、4.gif 代表 4 个头像，用于用户注册时选择头像。

3）在 images 根目录下，需要一个 981×790 像素大小的图片 bg.png 作为网页的背景（读者可以自行设计一个）。

4）在 images 根目录下，还需要 logo.gif、menu_bike.png、menu_cart.png、menu_talk.png 等图片用来作为网页功能导航的图标，如图 2-2-3～图 2-2-6 所示的是本书所采用的图标及尺寸，读者也可根据这个尺寸放置自己的图片。

图 2-2-3　logo.gif 图片尺寸 981×110 像素用作首页页眉的背景

图 2-2-4　menu_bike.png 图片尺寸 34×26 像素用作首页导航菜单的背景

图 2-2-5　menu_cart.png 图片尺寸 34×26 像素用作首页导航菜单的背景

图 2-2-6　menu_talk.png 图片尺寸 34×26 像素用作首页导航菜单的背景

5）在 swf 目录下，需要一个 swf 文件，该 flash 文件的尺寸是 345×55 像素，用来在页眉显示一个动画效果。

自我评价

项目分评	评分标准	分值	得分
知识要求	知道 JSP 网站的目录结构	10	
	知道 JavaScript 的基本语法	20	
	知道常量定义方法	10	
操作要求	会根据网站需求定义公共常量	10	
	成功创建 greenbarb2c 的目录结构	10	
	成功创建 DB.java 文件	10	
	成功创建 check.js 文件	20	
	成功创建 effect.js 文件	10	
合　计		100	

任务描述

项目二采用 MVC 设计模式进行设计，所以要先分析出网站所有的数据访问需求，并设计出模型，才能进一步实现页面的功能。

本次任务需要结合项目二会员模块的操作需求，分析出会员模块数据存取的基本结构和业务操作流程，完成会员数据模型类 MemberBean 和会员业务操作类 Memebers 的设计。

任务分析与相关知识

1. 会员数据模型类 MemberBean 的设计思路

网站中与会员相关的操作如图 2-3-1～图 2-3-5 所示。

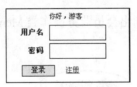

图 2-3-1 会员登录

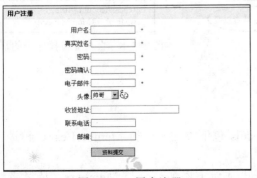

图 2-3-2 用户注册

图 2-3-3 维护用户资料

学习目标
- 了解项目二中会员模块的主要操作。
- 知道会员模块数据存储的需求。
- 为会员模块设计和实现数据模型类。
- 为会员模块设计和实现业务操作类。

图 2-3-4 提交订单时要更新收货人地址信息　　　　图 2-3-5 论坛浏览时需要显示会员的头像

在这些界面模型中，可以分析出页面需要传递的会员数据有：账号、真实姓名、密码、电子邮件、订单的地址、邮编、联系电话、头像等。

会员数据模型类 MemberBean 的基本结构如图 2-3-6 所示。

会员数据模型类

属性	
account	——字符串
realname	——字符串
password	——字符串
email	——电子邮件
address	——地址
phone	——电话
post	——邮编
face	——头像

图 2-3-6 会员数据模型类的基本数据结构

2. 会员业务操作类 Members 的设计思路

参考图 2-3-1～图 2-3-5 的会员操作需求，可以得到会员模块的基本操作场景，如图 2-3-7 所示。

结合上图的业务操作分析，绘制出会员业务操作类 Members 的基本结构，如图 2-3-8 所示。

会员业务操作类

方法
checkLogin (String, String)
getMemberByAccount (String)
modifyMember (MemberBean)
modifyMemberAddr (MemberBean)
isRepeatAccount (String)
newMember (MemberBean)

图 2-3-7 会员基本操作　　　　图 2-3-8 会员业务操作类的基本结构

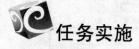 **任务实施**

步骤一 在项目 greenbarb2c 下的 models 包下添加一个类 MemberBean，请读者结合图 2-3-6 完成编码任务。

步骤二 在项目 greenbarb2c 下的 models 包下添加一个类 Members，请读者结合图 2-3-8 完成编码任务。

自我评价

评分项目	评分标准	分值	得分
知识要求	理解项目二会员模块的基本操作需求	20	
操作要求	会根据业务需求分析出数据模型的结构	20	
	会根据业务需求设计业务操作类	20	
	完成会员模块模型类的编码任务	20	
	完成会员业务逻辑类的编码及测试任务	20	
合　计		100	

任务四　构建商品模块的模型类

学习目标

- 了解项目二中商品模块的主要操作。
- 知道商品模块数据存储的需求。
- 为商品模块设计和实现数据模型类。
- 为商品模块设计和实现业务操作类。

任务描述

本次任务需要结合项目二商品模块的操作需求，分析出商品模块数据存取的基本结构和业务操作流程，完成与商品相关的数据模型类（ProductBean、ProducttypesBean）和业务操作类（Products、ProductsTypes）的设计。

任务分析与相关知识

1. 数据模型类（ProductBean、ProducttypesBean）的设计思路

网站中与商品相关的操作如图 2-4-1～图 2-4-3 所示。

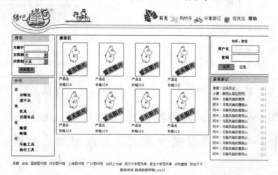

图 2-4-1　显示商品推荐、分类搜索商品、按关键字搜索商品

搜索
关键字
主类别
次类别
搜索
分类
衣
冲锋衣
速干衣
食
炊具
压缩食品
住
睡袋
帐篷
行
导航工具
助行工具
商品名
货号：abc
原价：100
现价：100
库存：10
我要购买
图书描述
商品的细节描述
商品评价
姓名 日期
内容
姓名 日期
内容

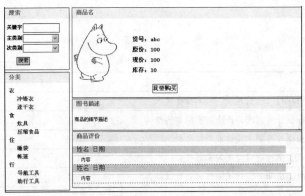

图 2-4-2　查看单件商品信息

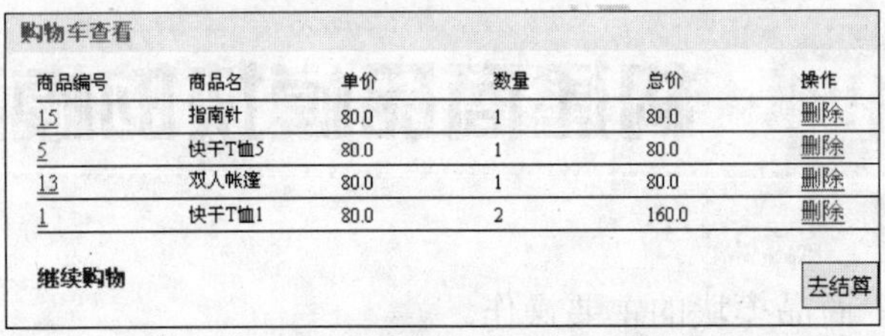

购物车查看
商品编号 商品名 单价 数量 总价 操作
15 指南针 80.0 1 80.0 删除
5 快干T恤5 80.0 1 80.0 删除
13 双人帐篷 80.0 1 80.0 删除
1 快干T恤1 80.0 2 160.0 删除
继续购物
去结算

图 2-4-3　查看购物车的时候需要根据商品编号查看商品的单价等信息

在这些界面模型中，可以分析出页面需要传递的商品信息数据有：编号、货号、名称、商品类型、商品描述、库存数量、定价、是否首页推荐、是否上架、商品的图片、上架的时间等。如图 2-4-1、图 2-4-2 所示，需要单独访问商品的类型信息，所以商品类型信息需要独立传递。

商品数据模型类 ProductBean 的基本结构如图 2-4-4 所示。

商品类型数据模型类 ProducttypesBean 的基本结构如图 2-4-5 所示。

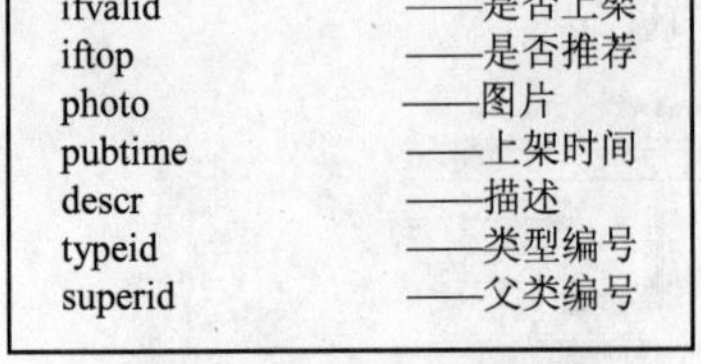

商品数据模型类
属性
pid ——编号
pcode ——货号
pname ——名称
oldprice ——原价
nowprice ——现价
num ——库存
ifvalid ——是否上架
iftop ——是否推荐
photo ——图片
pubtime ——上架时间
descr ——描述
typeid ——类型编号
superid ——父类编号

图 2-4-4　商品数据模型类的基本数据结构

商品类型数据模型类
属性
typeid ——类型编号
typename ——类型名称
superid ——父类编号

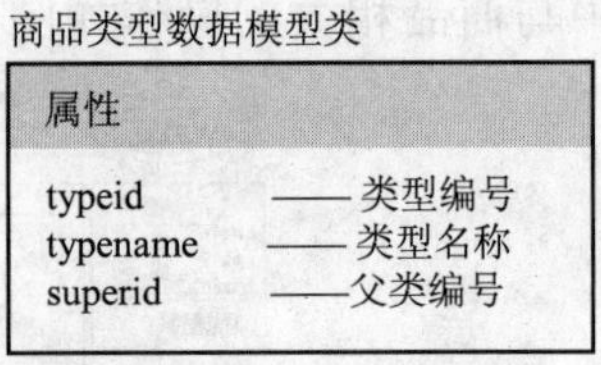

图 2-4-5　商品类型数据模型类的基本数据结构

2. 商品业务操作类 Products、商品类型操作类 ProductsTypes 的设计思路

参考图 2-4-1～图 2-4-3 的商品操作需求，可以得到商品模块的基本操作场景，如图 2-4-6 所示。

结合上图的业务操作分析，绘制出商品业务操作类 Products 的基本结构如图 2-4-7 所示。

浏览商品列表（图片、名称、价格）
浏览单件商品的全部信息（根据商品编号）
扩展
扩展
扩展
首页显示推荐商品
按关键字搜索商品（带分页）
按类别搜索商品（带分页）

图 2-4-6　商品基本操作

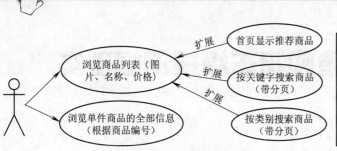

商品业务操作类
方法
getProductCnt ()
getProductCntBySearch (String, int, int)
getProductBySearch (String, int, int, int,)
getProductCntByType（String, int）
getProductOnTop ()
getProductByType (String, int, int)
getProductsByPid (int)

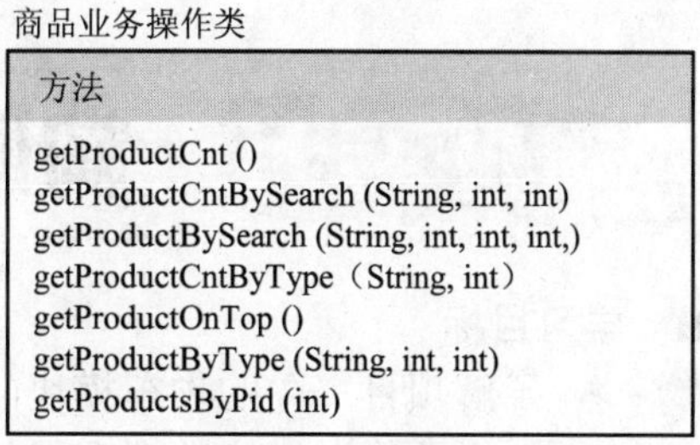

图 2-4-7　商品业务操作类的基本结构

商品类型的操作主要是如图 2-4-1、图 2-4-2 所示的类型的浏览，所以商品类型的操作场景非常单纯，就是商品类型的查询，如图 2-4-8 所示。

浏览商品类型（按父类型）

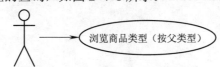

图 2-4-8　商品类型基本操作

商品类型业务操作类 ProductsTypes 的基本结构如图 2-4-9 所示。

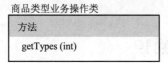

商品类型业务操作类
方法
getTypes (int)

图 2-4-9　商品类型业务操作类的基本结构

任务实施

步骤一　在 Web 项目 greenbarb2c 中的包 models 下添加一个类 ProductBean，请读者结合图 2-4-4 完成编码任务。

步骤二　在 Web 项目 greenbarb2c 中的包 models 下添加一个类 ProducttypesBean，请读者结合图 2-4-5 完成编码任务。

步骤三　在 Web 项目 greenbarb2c 中的包 models 下添加一个类 Products，请读者结合图 2-4-7 完成编码任务。

步骤四　在 Web 项目 greenbarb2c 中的包 models 下添加一个类 ProductsTypes，请读者结合图 2-4-9 完成编码任务。

自我评价

评分项目	评分标准	分值	得分
知识要求	理解项目二商品模块的基本操作需求	20	
操作要求	会根据业务需求分析出数据模型的结构	20	
	会根据业务需求设计业务操作类	20	
	完成商品模块模型类的编码任务	20	
	完成商品业务逻辑类的编码和测试任务	20	
合　计		100	

任务五　构建购物车模块的模型类

➡️ 学习目标
➢ 了解项目二中购物车模块的主要操作。
➢ 知道购物车模块数据存储的需求。
➢ 为购物车模块设计和实现数据模型类。
➢ 为购物车模块设计和实现业务操作类。

任务描述

　　本次任务需要结合项目二购物车模块的操作需求，分析出购物车模块数据存取的基本结构和业务操作流程，完成数据模型类 CartItem 和业务操作类 Cart 的设计。

任务分析与相关知识

1. 数据模型类 CartItem 的设计思路

网站中与购物车相关的操作如图 2-5-1、图 2-5-2 所示。

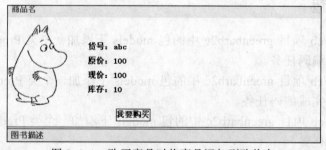

图 2-5-1　购买商品时将商品添加到购物车

购物车查看					
商品编号	商品名	单价	数量	总价	操作
24325435	345345	345345i	345345i	345345i	删除
24325435	345345	345345i	345345i	345345i	删除
24325435	345345	345345i	345345i	345345i	删除
继续购物					去结算

图 2-5-2　浏览购物车内容、修改购物车中商品数量、结算完清空购物车

　　在这些界面模型中，可以分析出购物车中要存放的购物项目包含：商品的编号、购买数量。
　　购物项目数据模型类 CartItem 的基本结构如图 2-5-3 所示。

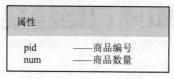

购物项目数据模型类
属性
pid ——商品编号
num ——商品数量

图 2-5-3　购物项目数据模型类的基本数据结构

2. 购物车业务操作类 Cart 的设计思路

参考图 2-5-1、图 2-5-2 的购物车操作需求，可以得到购物车模块的基本操作场景，如图 2-5-4 所示。

结合上图的业务操作分析，绘制出购物车业务操作类 Cart 的基本结构，如图 2-5-5 所示。

向购物车添加商品
从购物车删除商品
获取购物车中的物品清单
查询购物车中商品总价
查询购物车中商品数量

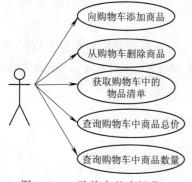

图 2-5-4　购物车基本操作

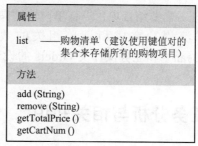

购物车业务操作类
属性
list ——购物清单（建议使用键值对的集合来存储所有的购物项目）
方法
add (String)
remove (String)
getTotalPrice ()
getCartNum ()

图 2-5-5　购物车业务操作类的基本结构

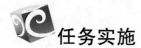

任务实施

步骤一　在 Web 项目 greenbarb2c 中的包 models 下添加一个类 CartItem，请读者结合图 2-5-3 完成编码任务。

步骤二　在 Web 项目 greenbarb2c 中的包 models 下添加一个类 Cart，请读者结合图 2-5-5 完成编码任务。

自我评价

评分项目	评分标准	分值	得分
知识要求	理解项目二购物车模块的基本操作需求	20	
操作要求	会根据业务需求分析出数据模型的结构	20	
	会根据业务需求设计业务操作类	20	
	完成购物车模块模型类的编码任务	20	
	完成购物车业务逻辑类的编码和测试任务	20	
合　计		100	

任务六 构建订单模块的模型类

➡ **学习目标**
- ➤ 了解项目二中订单模块的主要操作。
- ➤ 知道订单模块数据存储的需求。
- ➤ 为订单模块设计和实现数据模型类。
- ➤ 为订单模块设计和实现业务操作类。

164

任务描述

本次任务需要结合项目二订单模块的操作需求，分析出订单模块数据存取的基本结构和业务操作流程，完成和订单相关的数据模型类（OrdersBean、OrderDetailsBean、CommentBean）和业务操作类 Orders 的设计。

任务分析与相关知识

1．数据模型类（OrdersBean、OrderDetailsBean、CommentBean）的设计思路

网站中与订单相关的操作如图 2-6-1～图 2-6-4 所示。

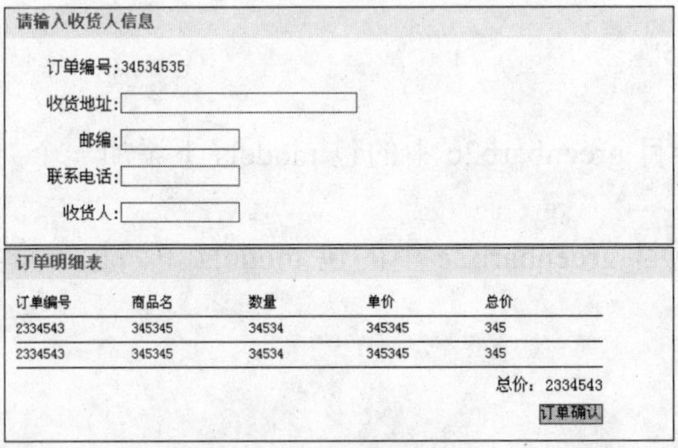

请输入收货人信息

订单编号：34534535

收货地址：

邮编：

联系电话：

收货人：

订单明细表

订单编号	商品名	数量	单价	总价
2334543	345345	34534	345345	345
2334543	345345	34534	345345	345

总价：2334543

订单确认

图 2-6-1 下订单

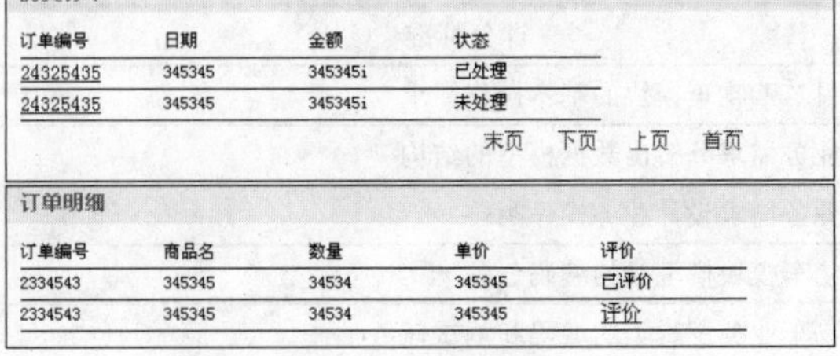

历史订单

订单编号	日期	金额	状态
24325435	345345	345345i	已处理
24325435	345345	345345i	未处理

末页 下页 上页 首页

订单明细

订单编号	商品名	数量	单价	评价
2334543	345345	34534	345345	已评价
2334543	345345	34534	345345	评价

图 2-6-2 查看历史订单

当用户查看自己的历史订单时，可以对所购买的商品进行评价。

图 2-6-3　针对所购买过的商品发表评论

用户对商品所发表的评论，将在该商品的浏览页面上可以被浏览者看到。

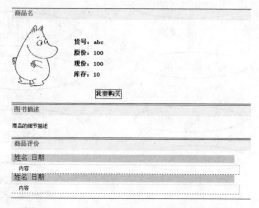

图 2-6-4　商品浏览页面的商品评论区域

在这些界面模型中，可以分析出页面需要传递的订单信息数据有两类，一类是与用户下单相关的基本信息：订单编号、下订单的用户、订单送货的地址、邮编、电话、收货人、下订单的时间、订单的状态（是否处理完毕）；另一类是与订单所包含的商品相关的订单明细：商品编号、商品数量、商品评论、发表评论的日期。

订单数据模型类 OrdersBean 的基本结构如图 2-6-5 所示。

订单明细数据模型类 OrderDetailsBean 的基本结构如图 2-6-6 所示。

订单数据模型类

属性	
ordered	——订单编号
account	——用户账号
address	——地址
post	——邮编
phone	——电话
receiver	——收货人
orderdate	——下单日期
descs	——描述
state	——状态
sum	——订单总额
Orderlist	——订单明细

订单明细数据模型类

属性	
orderid	——订单编号
pid	——商品编号
nums	——购买数量
comment	——评论
pubdate	——发表日期

图 2-6-5　订单数据模型类的基本数据结构　图 2-6-6　订单明细数据模型类的基本数据结构

根据图 2-6-3、图 2-6-4，网页之间需要传递的商品评价信息有：评价的内容、评价的时间等。商品评价数据模型类 CommentBean 的基本结构如图 2-6-7 所示。

商品评价数据模型类

属性
account ——用户账号
senddate ——发表时间
content ——发表内容

图 2-6-7 商品评价数据模型类的基本数据结构

2. 订单业务操作类 Orders 的设计思路

参考图 2-6-1～图 2-6-4 的订单操作需求，可以得到订单模块的基本操作场景如图 2-6-8 所示。

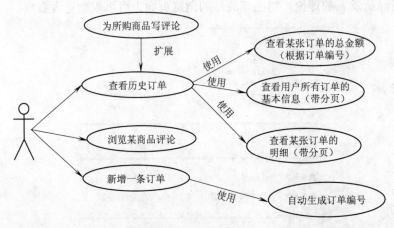

图 2-6-8 订单基本操作

结合上图的业务操作分析，绘制出订单业务操作类 Orders 的基本结构如图 2-6-9 所示。

订单业务操作类

方法
getNewOrderId ()
newOrder (OrdersBean)
getOrderCntByUser (String)
getSumByOrderId (String)
getOrdersByAccount (String, int)
getOrderDetailByOrderId (String)
newComment (OrderDetailsBean)
getCommentByPid (int)

图 2-6-9 订单业务操作类的基本结构

任务实施

步骤一 在 Web 项目 greenbarb2c 中的包 models 下添加一个类 OrdersBean，请读者结合图 2-6-6 完成编码任务。

步骤二 在 Web 项目 greenbarb2c 中的包 models 下添加一个类 OrderDetailsBean，请读者结合图 2-6-5 完成编码任务。

步骤三 在 Web 项目 greenbarb2c 中的包 models 下添加一个类 CommentBean，请读者结

合图 2-6-7 完成编码任务。

步骤四　在 Web 项目 greenbarb2c 中的包 models 下添加一个类 Orders，请读者结合图 2-6-9 完成编码任务。

自我评价

评分项目	评分标准	分值	得分
知识要求	理解项目二订单模块的基本操作需求	20	
操作要求	会根据业务需求分析出数据模型的结构	20	
	会根据业务需求设计业务操作类	20	
	完成订单模块模型类的编码任务	20	
	完成订单业务逻辑类的编码和测试任务	20	
合　计		100	

任务七　构建留言模块的模型类

➤ **学习目标**
   ➢ 了解项目二中留言模块的主要操作。
   ➢ 知道留言模块数据存储的需求。
   ➢ 为留言模块设计和实现数据模型类。
   ➢ 为留言模块设计和实现业务操作类。

任务描述

本次任务需要结合项目二留言模块的操作需求，分析出留言模块数据存取的基本结构和业务操作流程，完成留言数据模型类 WordsBean 和留言业务操作类 Words 的设计。

任务分析与相关知识

1. 留言数据模型类 WordsBean 的设计思路

网站中与留言相关的操作如图 2-7-1～图 2-7-3 所示。

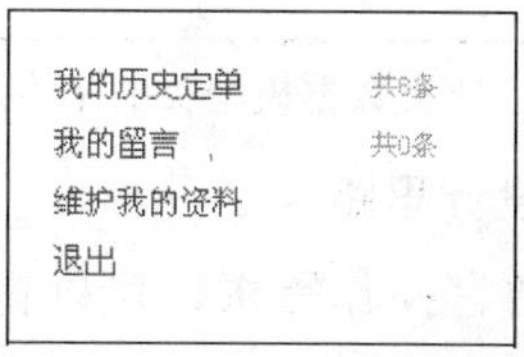

我的历史定单　　　共6条
我的留言　　　　　共0条
维护我的资料
退出

图 2-7-1　显示未读留言的条数

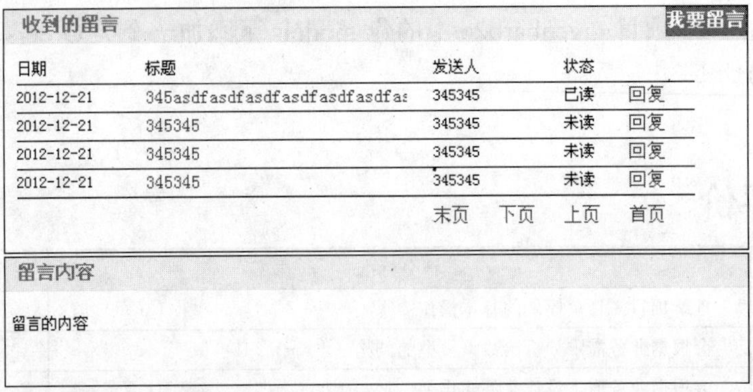

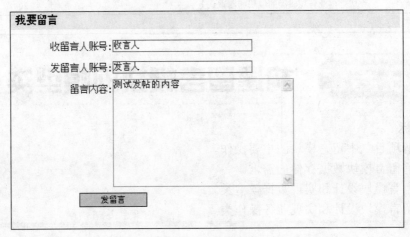

图 2-7-2 分页查看所有留言基本信息、查看某条留言内容

图 2-7-3 发表留言

在这些界面模型中，可以分析出页面需要传递的留言信息数据有：发表时间、标题、内容、发送人、接受人、阅读状态等。

留言数据模型类 Words Bean 的基本结构如图 2-7-4 所示。

图 2-7-4 留言数据模型类的基本数据结构

2. 留言业务操作类 Words 的设计思路

参考图 2-7-1～图 2-7-3 的留言操作需求，可以得到留言模块的基本操作场景，如图 2-7-5 所示。

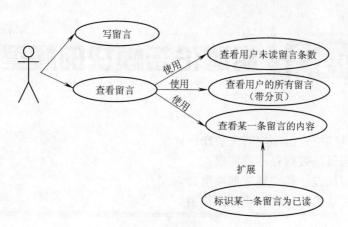

图 2-7-5 留言基本操作

结合上图的业务操作分析，绘制出留言业务操作类 Words 的基本结构如图 2-7-6 所示。

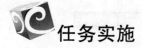

留言业务操作类

方法

newWord (WordsBean)
readWord (int)
getNoReadCount (String)
getWordsCount (String)
getWords (String, int)
getContentByWid (int)

图 2-7-6 留言业务操作类的基本结构

任务实施

步骤一 在 Web 项目 greenbarb2c 中的包 models 下添加一个类 WordsBean，请读者结合图 2-7-4 完成编码任务。

步骤二 在 Web 项目 greenbarb2c 中的包 models 下添加一个类 Words，请读者结合图 2-7-6 完成编码任务。

自我评价

评分项目	评分标准	分值	得分
知识要求	理解项目二留言模块的基本操作需求	20	
操作要求	会根据业务需求分析出数据模型的结构	20	
	会根据业务需求设计业务操作类	20	
	完成留言模块模型类的编码任务	20	
	完成留言业务逻辑类的编码和测试任务	20	
合　计		100	

任务八　构建论坛模块的模型类

❧ **学习目标**

➢ 了解项目二中论坛模块的主要操作。

➢ 知道论坛模块数据存储的需求。

➢ 为论坛模块设计和实现数据模型类。

➢ 为论坛模块设计和实现业务操作类。

170

任务描述

本次任务需要结合项目二论坛模块的操作需求，分析出论坛模块数据存取的基本结构和业务操作流程，完成论坛数据模型类 BBSBean 和论坛业务操作类 BBS 的设计。

任务分析与相关知识

1. 论坛数据模型类 BBSBean 的设计思路

网站中与论坛相关的操作如图 2-8-1～图 2-8-3 所示。

论坛类型1	论坛类型2	论坛类型3	论坛类型4		我要发帖
标题	发帖人		回复/查看	最后发表时间	
24325435	345345		345345i	345345i	
24325435	345345		345345i	345345i	
24325435	345345		345345i	345345i	
24325435	345345		345345i	345345i	
24325435	345345		345345i	345345i	
24325435	345345		345345i	345345i	
24325435	345345		345345i	345345i	
24325435	345345		345345i	345345i	
24325435	345345		345345i	345345i	
24325435	345345		345345i	345345i	
24325435	345345		345345i	345345i	
24325435	345345		345345i	345345i	
24325435	345345		345345i	345345i	
24325435	345345		345345i	345345i	
			末页　下页	上页　首页	

图 2-8-1　论坛分类分页浏览

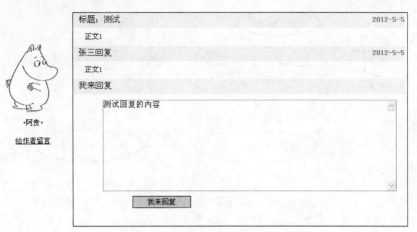

图 2-8-2　查看帖子及其回复

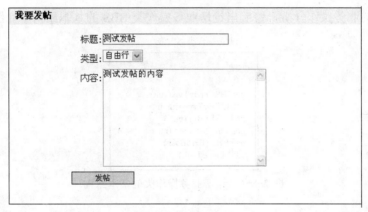

图 2-8-3　发表帖子

在这些界面模型中，可以分析出页面需要传递的论坛信息数据有：类型、帖子标题、帖子内容、发帖的时间、发送人、回复率、点击率、父贴编号等。

论坛数据模型类 BBSBean 的基本结构如图 2-8-4 所示。

论坛数据模型类

属性	
bid	——帖子编号
typeid	——类型编号
title	——标题
content	——内容
senddate	——发帖时间
sender	——发送人
superid	——父贴编号
clicked	——点击率
follows	——回复率

图 2-8-4　论坛数据模型类的基本数据结构

2. 论坛业务操作类 BBS 的设计思路

参考图 2-8-1～图 2-8-3 的论坛操作需求，可以得到论坛模块的基本操作场景，如图 2-8-5 所示。

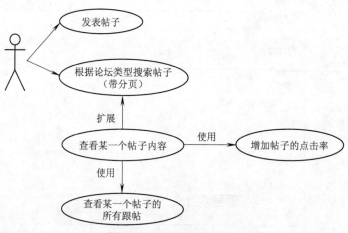

图 2-8-5   论坛基本操作

结合上图的业务操作分析，绘制出论坛业务操作类 BBS 的基本结构，如图 2-8-6 所示。

论坛业务操作类

方法
getBBSCntByType (int)
getBBSByType (int, int)
getBBSByBid (int)
getSubBBSByBid (int)
newBBS (BBSBean)
addCLicked (int)

图 2-8-6   论坛业务操作类的基本结构

 任务实施

步骤一   在 Web 项目 greenbarb2c 中的包 models 下添加一个类 BBSBean，请读者结合图 2-8-4 完成编码任务。

步骤二   在 Web 项目 greenbarb2c 中的包 models 下添加一个类 BBS，请读者结合图 2-8-6 完成编码任务。

自我评价

评分项目	评分标准	分值	得分
知识要求	理解项目二论坛模块的基本操作需求	20	
操作要求	会根据业务需求分析出数据模型的结构	20	
	会根据业务需求设计业务操作类	20	
	完成论坛模块模型类的编码任务	20	
	完成论坛业务逻辑类的编码和测试任务	20	
合 计		100	

任务九 构建游记模块的模型类

➤ **学习目标**
➢ 了解项目二中游记模块的主要操作。
➢ 知道游记模块数据存储的需求。
➢ 为游记模块设计和实现数据模型类。
➢ 为游记模块设计和实现业务操作类。

任务描述

本次任务需要结合项目二游记模块的操作需求，分析出游记模块数据存取的基本结构和业务操作流程，完成游记数据模型类 TravelsBean 和游记业务操作类 Travels 的设计。

任务分析与相关知识

1. 游记数据模型类 TravelsBean 的设计思路

网站中与游记相关的操作如图 2-9-1～图 2-9-5 所示。

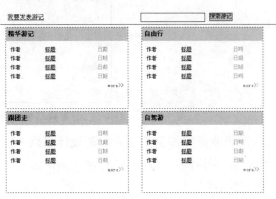

图 2-9-1 首页显示固定条数的最新游记　　图 2-9-2　游记首页分类显示固定条数的最新游记

图 2-9-3 发表新游记

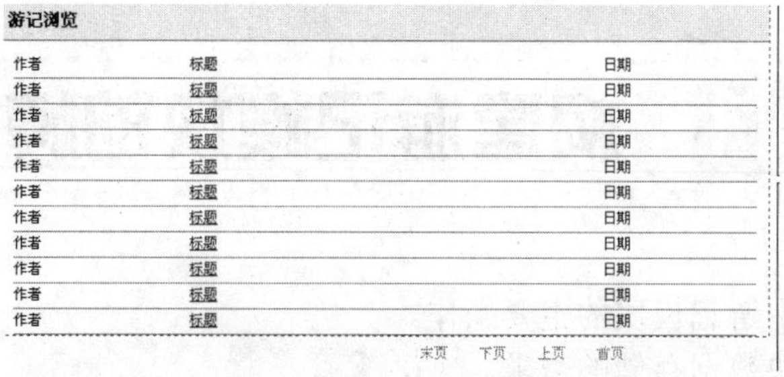

图 2-9-4　分页显示游记搜索的结果

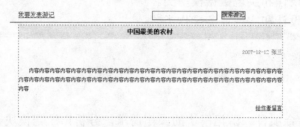

图 2-9-5　查看游记内容

在这些界面模型中，可以分析出页面需要传递的游记信息数据有：游记的类型、标题、内容、作者、是否推荐为精华游记、发表的时间等。

游记数据模型类 TravelsBean 的基本结构如图 2-9-6 所示。

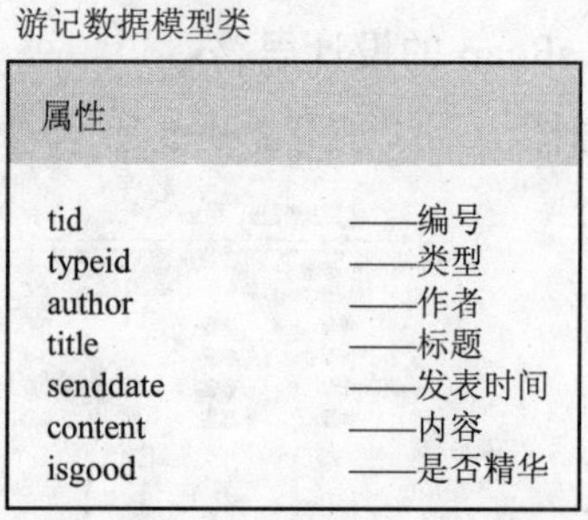

游记数据模型类

属性	
tid	——编号
typeid	——类型
author	——作者
title	——标题
senddate	——发表时间
content	——内容
isgood	——是否精华

图 2-9-6　游记数据模型类的基本数据结构

2. 游记业务操作类 Travels 的设计思路

参考图 2-9-1～图 2-9-5 的游记操作需求，可以得到游记模块的基本操作场景，如图 2-9-7 所示。

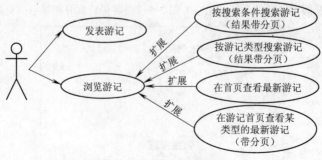

图 2-9-7　游记基本操作

结合上图的业务操作分析，绘制出游记业务操作类 Travels 的基本结构，如图 2-9-8 所示。

游记业务操作类

方法
newTravel (TravelsBean)
getTravelCntBySearch (String)
getTravelsBySearch (String, int)
getTravelsOnTopByType (String)
getTravelsOnTop ()
getTravelCntByType (String)
getTravelsByType (String, int)
getTravelByTid (int)

 任务实施

步骤一 在 Web 项目 greenbarb2c 中的包 models 下添加一个类 TravelsBean，请读者结合图 2-9-6 完成编码任务。

图 2-9-8 游记业务操作类的基本结构

175

步骤二 在 Web 项目 greenbarb2c 中的包 models 下添加一个类 Travels，请读者结合图 2-9-8 完成编码任务。

自我评价

评分项目	评分标准	分值	得分
知识要求	理解项目二游记模块的基本操作需求	20	
操作要求	会根据业务需求分析出数据模型的结构	20	
	会根据业务需求设计业务操作类	20	
	完成游记模块模型类的编码任务	20	
	完成游记业务逻辑类的编码和测试任务	20	
合　计		100	

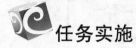 **实现首页的页面效果**

➤ **学习目标**
  ➢ 了解项目二中首页要实现的页面效果。
  ➢ 根据首页的数据访问需求设计相关的标签。
  ➢ 实现首页的页面功能。

 任务描述

任务一～任务九已经为项目二的功能实现铺好了地基，从任务十开始要为网站实现页面的最终显示效果，本次任务要实现的是首页的页面效果。首页要实现的主要效果是：商品分类展示、要推荐在首页的商品展示、会员快速登录、最新游记的快速浏览等。

 任务分析与相关知识

首页主要的功能如图 2-10-1 所示。

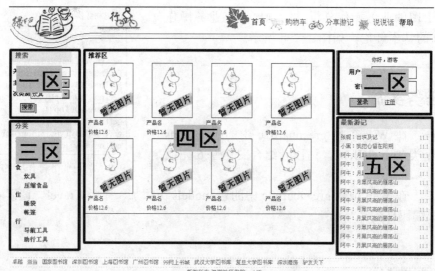

图 2-10-1　首页页面功能分析

1）一区是表单，要将搜索条件提交到 search.jsp，完成商品的搜索功能。

2）二区是用户区，登录前和登录后会有不同的显示，此区域在用户访问网站的全程相对固定，所以可以设计成一个标签，便于重复使用。

3）三区是商品类型展示区，此区域在用户访问网站的全程相对固定，所以可以设计成一个标签，便于重复使用。

4）四区是首页特有的显示内容——推荐商品显示区域。

5）五区是最新游记浏览，同样该区域在用户访问网站的全程相对固定，所以也可以设计成一个标签。

为了实现首页及整个网站都需要重复使用的页面效果，需要为网站设计几个自定义的标签，分别用来显示用户区效果、商品分类展示效果、最新游记浏览效果；首页包含了快速登录的功能，所以需要添加一个用来判断登录是否成功的 Servlet 类 LoginServet；如果首页登录失败，需要一个 msg.jsp 显示错误提示信息，综上所述，本次任务要完成的文件见表 2-10-1。

表 2-10-1　任务清单

序　号	文　件　名	功　能
1	UserTag.java	用来展示用户专区的标签类
2	TravelsTag.java	用来展示最新游记的标签类
3	ProductTypeTag.java	用来展示商品类型的标签类
4	mytags.tld	自定义标签的表述文件
5	LoginServlet.java	判断登录是否成功的 Servlet
6	Msg.jsp	消息页面
7	Index.jsp	首页

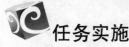 任务实施

步骤一　在项目 greenbarb2c 下添加一个包 tags，在 tags 下添加一个类 UserTag.java，该

类是自定义标签<mytags:userzone/>的标签解析类，主要实现图 2-10-1 中二区的功能。请读者结合首页的设计需求完成编码任务。

步骤二 在项目 greenbarb2c 下的 tags 包下添加一个类 TravelsTag.java，该类是自定义标签<mytags:travels/>的标签解析类，主要实现图 2-10-1 中五区的功能。请读者结合首页的设计需求完成编码任务。

步骤三 在项目 greenbarb2c 下的 tags 包下添加一个类 ProductTypeTag.java，该类是自定义标签<mytags:producttype/>的标签解析类，主要实现图 2-10-1 中四区的功能。请读者结合首页的设计需求完成编码任务。

步骤四 在项目 greenbarb2c 下添加一个包 controllers，在 controllers 下添加一个 Servlet 类 LoginServlet.java，该类的路径映射和别名都要设置为 login，用来实现用户身份的判断，要求把成功登录的用户信息存储在会话中。请读者结合首页的设计需求完成编码任务。

步骤五 在项目 greenbarb2c 根目录下的 WEB-INF 文件夹下添加一个标记描述文件 mytags.tld，用于将自定义标签与标签解析类对应起来（在后续的任务中还会陆续添加自定义标签类，此文件无需重新创建，只需要在该文件基础上继续添加 tag 标签就可以了）。请读者结合首页的设计需求完成编码任务。

步骤六 修改 web.xml 文件（在项目 greenbarb2c 根目录下的 WEB-INF 文件夹下），为该 XML 文件添加如下几行标签（该段标签可以直接添加在标签<web-app>后面）。

*********************** 代码 2-10-1   web.xml 添加的部分***********************

```
1   <jsp-config>
2   <taglib>
3   <taglib-uri>mytags</taglib-uri>
4   <taglib-location>/WEB-INF/mytags.tld</taglib-location>
5   </taglib>
6   </jsp-config>
```

****

步骤七 在项目 greenbarb2c 根目录下添加 msg.jsp，用来在网站运行中显示提示信息，请读者模仿项目一任务四的消息提示页面完成编码任务。

步骤八 在项目 greenbarb2c 根目录下添加 index.jsp，完成首页的整体页面效果，请读者结合首页的设计需求完成编码任务。

步骤九 完成如上步骤，运行网站项目，测试首页的页面效果：登录成功、登录失败、首页推荐商品的浏览、首页最新游记的浏览、首页商品分类的浏览。

 自我评价

评分项目	评分标准	分值	得分
知识要求	知道项目二首页的页面功能	20	
操作要求	完成 3 个自定义标签的设计	20	
	完成 LoginServlet 的设计	20	
	完成两个 JSP 网页的设计	20	
	完成首页的效果测试	20	
合 计		100	

任务十一　实现会员模块的页面效果

学习目标

➢ 了解项目二中会员模块要实现的页面效果。
➢ 根据会员模块的页面效果完成网页的设计。
➢ 根据会员模块的页面效果完成 Servlet 的设计。

任务描述

本次任务要实现的是会员的页面效果：会员登录、会员退出、会员资料的修改等。

任务分析与相关知识

结合项目二任务三对会员模块的功能分析，可以分析出与会员相关的页面逻辑如图 2-11-1 所示。

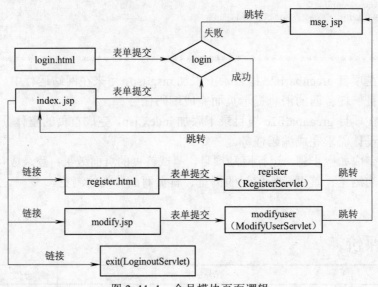

图 2-11-1　会员模块页面逻辑

1）login.html 是登录页面，该页面要将用户登录的信息提交到 login 这个 Servlet，实现登录的判断。

2）regisger.html 是注册页面，该页面的核心功能就是将用户输入的信息交给 register 处理，实现注册信息的登记。

3）modify.jsp 是用户资料修改页面，该页面的核心功能是显示现有的会员信息，并允许用户修改个人资料，并能将修改后的数据交给 modifyuser 处理，实现用户信息变更的登记。

4）exit 是处理用户退出请求的 Servlet。

综上所述，本次任务要完成的文件见表 2-11-1。

表 2-11-1　任务清单

序　号	文　件　名	功　能
1	login.html	登录页面
2	modify.jsp	用户资料维护页面
3	register.html	注册页面
4	RegisterServlet.java	实现注册信息写入的 Servlet
5	ModifyUserServlet.java	实现用户资料修改的 Servlet
6	LogoutServlet.java	实现用户退出的 Servlet

 任务实施

步骤一 在项目 greenbarb2c 下的 controllers 包中添加一个 Servlet 类 RegisterServlet. java（别名和路径映射名都是 register），请读者结合图 2-11-1 完成编码任务。

步骤二 在项目 greenbarb2c 下的 controllers 包中添加一个 Servlet 类 ModifyUserServlet. java（别名和路径映射名都是 modifyuser），请读者结合图 2-11-1 完成编码任务。

步骤三 在项目 greenbarb2c 下的 controllers 包中添加一个 Servlet 类 LogoutServlet. java（别名和路径映射名都是 exit），请读者结合图 2-11-1 完成编码任务。

步骤四 在项目 greenbarb2c 根目录下添加 login.html，请读者结合图 2-11-1 完成编码任务。

步骤五 在项目 greenbarb2c 根目录下添加 modify.jsp，请读者结合图 2-11-1 完成编码任务。

步骤六 在项目 greenbarb2c 根目录下添加 register.html，请读者结合图 2-11-1 完成编码任务。

步骤七 完成如上步骤，运行网站项目，测试会员模块的页面效果：登录、注册、修改个人资料、退出。

 自我评价

评分项目	评分标准	分值	得分
知识要求	知道项目二会员模块的页面功能	20	
操作要求	完成 3 个 Servlet 的设计	30	
	完成会员模块网页的设计	20	
	完成会员模块的页面功能测试	30	
合　　计		100	

任务十二 实现商品模块的页面效果

学习目标

➢ 了解项目二中商品模块要实现的页面效果。

➢ 根据商品模块的页面效果完成网页的设计。

任务描述

本次任务要实现的是商品的页面效果：商品搜索、商品浏览。

任务分析与相关知识

结合项目二任务四对商品模块的功能分析，可以分析出与商品相关的页面逻辑如图 2-12-1 所示。

图 2-12-1　商品模块页面逻辑

1）search.jsp 是商品搜索页面，该页面可以根据用户提交的条件分页显示搜索的结果。

2）single.jsp 是单件商品的浏览页面，该页面将显示商品的详细描述及购买过该商品的用户对该商品的评价信息，并提供商品购买功能。

综上所述，本次任务要完成的文件见表 2-12-1。

表 2-12-1　任务清单

序　号	文 件 名	功　能
1	search.jsp	商品搜索页面
2	single.jsp	单件商品的浏览页面

任务实施

步骤一　在项目 greenbarb2c 根目录下添加 search.jsp，请读者结合图 2-12-1 完成编码任务。

步骤二　在项目 greenbarb2c 根目录下添加 single.jsp，请读者结合图 2-12-1 完成编码任务。

步骤三　完成如上步骤，运行网站项目，测试商品模块的页面效果：商品搜索、商品详细信息和评价查看。

自我评价

评分项目	评分标准	分值	得分
知识要求	知道项目二商品模块的页面功能	20	
操作要求	完成商品模块网页的设计	40	
	完成商品模块的页面功能测试	40	
合　　计		100	

任务十三　实现购物车模块的页面效果

➤ **学习目标**
- ➢ 了解项目二中购物车模块要实现的页面效果。
- ➢ 根据购物车模块的页面效果完成网页的设计。
- ➢ 根据购物车模块的页面效果完成 Servlet 的设计。
- ➢ 根据购物车模块的页面效果完成自定义标签的设计。

任务描述

本次任务要实现的是购物车的页面效果：购物车登录、购物车退出、购物车资料的修改等。

任务分析与相关知识

结合项目二任务八对购物车模块的功能分析，可以分析出与购物车相关的页面逻辑如图 2-13-1 所示。

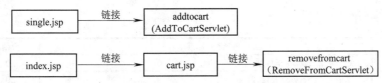

图 2-13-1　购物车模块页面逻辑

1）用户在商品浏览页面 single.jsp 查看商品的细节之后，可以单击"我要购买"链接，向购物车中添加商品，但是这个动作有一个前提，就是当前的用户必须是登录之后的用户，其实很多其他的页面也都需要这个前提，如要查看历史订单、要查看自己的留言、要修改会员的资料，都需要先登录才能操作。所以在本次任务中将实现一个自定义标签 <mytags:checklogin />，专门为需要授权才能进入的页面提供一个用户身份判断的功能，页面使用了这个标签，将不再担心非法用户进入该页面了。

2）cart.jsp 是购物车浏览页面，该页面的核心功能就是查看购物车中所购买的商品明细，并提供修改商品数量的功能。

3）addtocart 和 removefromcart 是两个 Servlet，用来处理购物车添加商品和删除商品的用户需求。

综上所述，本次任务要完成的文件见表 2-13-1。

表 2-13-1 任务清单

序　号	文 件 名	功　能
1	CheckLoginTag.java	用来判断当前用户身份的标签类
2	AddToCartServlet.java	处理向购物车添加商品的请求
3	RemoveFromCartServlet.java	处理从购物车中删除商品的请求
4	cart.jsp	购物车浏览页面

 任务实施

步骤一 在项目 greenbarb2c 下的 controllers 包中添加一个 Servlet 类 AddToCartServlet.java（别名和路径映射名都是 addtocart），请读者结合图 2-13-1 完成编码任务。

步骤二 在项目 greenbarb2c 下的 controllers 包中添加一个 Servlet 类 RemoveFromCartServlet.java（别名和路径映射名都是 removefromcart），请读者结合图 2-13-1 完成编码任务。

步骤三 在项目 greenbarb2c 下的 tags 包下添加一个类 CheckLoginTag.java，该类是自定义标签<mytags:checklogin/>的标签解析类。请读者模仿项目一任务十的相关内容完成编码任务。

步骤四 在项目 greenbarb2c 根目录下的 WEB-INF 文件夹下的 mytags.tld 文件中为<mytags:checklogin/>添加一个 tag 标签，请读者模仿项目一任务十的相关内容完成编码任务。

步骤五 在项目 greenbarb2c 根目录下添加 cart.jsp，请读者结合图 2-13-1 完成编码任务。

步骤六 完成如上步骤，运行网站项目，测试购物车模块的页面效果：购买多件商品、查看购物车、删除所购买的商品。

 自我评价

评分项目	评分标准	分值	得分
知识要求	知道项目二购物车模块的页面功能	20	
操作要求	完成两个 Servlet 的设计	20	
	完成购物车模块网页的设计	20	
	完成自定义标签<mytags:checklogin />	20	
	完成购物车模块的页面功能测试	20	
合　计		100	

任务十四 实现订单模块的页面效果

→ **学习目标**

➢ 了解项目二中订单模块要实现的页面效果。

➢ 根据订单模块的页面效果完成网页的设计。

➢ 根据订单模块的页面效果完成 Servlet 的设计。

任务描述

本次任务要实现的是订单的页面效果：下订单、查看历史订单、写商品评论、看商品评论。

任务分析与相关知识

结合项目二任务五对订单模块的功能分析，可以分析出与订单相关的页面逻辑如图 2-14-1 所示。

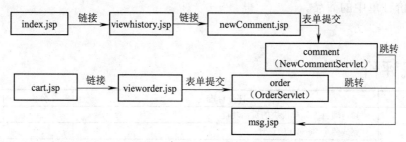

图 2-14-1 订单模块页面逻辑

1）viewhistory.jsp 是历史订单查看页面，该页面可以分页查看当前登录用户的所有订单及其明细，在该页面用户可以针对购买过的商品进行评价。

2）vieworder.jsp 是从购物车页面跳转过来的订单确认页面，用来让用户看到当前订单的明细，并填写送货地址。该页面的订单表单提交之后，下订单的请求被 order 这个 Servlet 处理，并根据处理的结果在 msg.jsp 页面显示提示信息。

3）newComment.jsp 是用户评价商品的页面，该页面的评价表单提交之后，商品评价的请求被 comment 这个 Servlet 处理，并根据处理的结果在 msg.jsp 页面显示提示信息。

综上所述，本次任务要完成的文件见表 2-14-1。

表 2-14-1　任务清单

序　号	文　件　名	功　　能
1	NewCommentServlet.java	处理商品评价的请求
2	OrderServlet.java	处理下订单的请求
3	viewhistory.jsp	历史订单查看页面
4	newComment.jsp	用户评价商品的页面
5	vieworder.jsp	订单确认页面

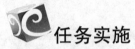 任务实施

步骤一　在项目 greenbarb2c 下的 controllers 包中添加一个 Servlet 类 NewCommentServlet. java（别名和路径映射名都是 comment），请读者结合图 2-14-1 完成编码任务。

步骤二　在项目 greenbarb2c 下的 controllers 包中添加一个 Servlet 类 OrderServlet.java（别名和路径映射名都是 order），请读者结合图 2-14-1 完成编码任务。

步骤三　在项目 greenbarb2c 根目录下添加 viewhistory.jsp，请读者结合图 2-14-1 完成编码任务。

步骤四　在项目 greenbarb2c 根目录下添加 newComment.jsp，请读者结合图 2-14-1 完成编码任务。

步骤五　在项目 greenbarb2c 根目录下添加 vieworder.jsp，请读者结合图 2-14-1 完成编码任务。

步骤六　完成如上步骤，运行网站项目，测试订单模块的页面效果：下订单、查看历史订单、评价订单中的商品。

 自我评价

评分项目	评分标准	分值	得分
知识要求	知道项目二订单模块的页面功能	20	
操作要求	完成两个 Servlet 的设计	20	
	完成订单模块网页的设计	30	
	完成订单模块的页面功能测试	30	
合　　计		100	

任务十五　实现留言模块的页面效果

➤ 学习目标

> ➢ 了解项目二中留言模块要实现的页面效果。
> ➢ 根据留言模块的页面效果完成网页的设计。
> ➢ 根据留言模块的页面效果完成 Servlet 的设计。

任务描述

本次任务要实现的是留言的页面效果：写留言、查看留言。

任务分析与相关知识

结合项目二任务六对留言模块的功能分析，可以分析出与留言相关的页面逻辑如图 2-15-1 所示。

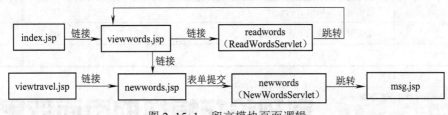

图 2-15-1　留言模块页面逻辑

1）viewwords.jsp 是留言查看页面，可以分页查看所有其他用户给当前用户的留言，如果用户单击留言标题，就会由一个 Servlet 类 readwords 来处理留言查看请求，readwords 将会修改留言的未读状态，并回到 viewwords.jsp 查看留言内容。

2）newwords.jsp 是写留言页面，留言表单提交后，由 newwords 这个 Servlet 来处理。

综上所述，本次任务要完成的文件见表 2-15-1。

表 2-15-1　任务清单

序　号	文 件 名	功　　能
1	NewWordsServlet.java	实现写新留言的 Servlet
2	ReadWrodsServlet.java	实现读留言，将未读状态改为已读的 Servlet
3	newwords.jsp	写留言页面
4	viewwords.jsp	留言查看页面

任务实施

步骤一　在项目 greenbarb2c 下的 controllers 包中添加一个 Servlet 类 NewWordsServlet.java（别名和路径映射名都是 newwords），请读者结合图 2-15-1 完成编码任务。

步骤二　在项目 greenbarb2c 下的 controllers 包中添加一个 Servlet 类 ReadWrodsServlet.java（别名和路径映射名都是 readwords），请读者结合图 2-15-1 完成编码任务。

步骤三　在项目 greenbarb2c 根目录下添加 newwords.jsp，请读者结合图 2-15-1 完成编码任务。

步骤四　在项目 greenbarb2c 根目录下添加 viewwords.jsp，请读者结合图 2-15-1 完成

编码任务。

步骤五 完成如上步骤，运行网站项目，测试留言模块的页面效果：写留言、查看留言、查看留言状态的变化。

自我评价

评分项目	评分标准	分值	得分
知识要求	知道项目二留言模块的页面功能	20	
操作要求	完成两个 Servlet 的设计	20	
	完成留言模块网页的设计	20	
	完成留言模块的页面功能测试	40	
合　计		100	

任务十六　实现论坛模块的页面效果

➤ **学习目标**
  ➢ 了解项目二中论坛模块要实现的页面效果。
  ➢ 根据论坛模块的页面效果完成网页的设计。
  ➢ 根据论坛模块的页面效果完成 Servlet 的设计。

任务描述

本次任务要实现的是论坛的页面效果：看帖子、发帖子、回复帖子。

任务分析与相关知识

结合项目二任务七对论坛模块的功能分析，可以分析出与论坛相关的页面逻辑如图 2-16-1 所示。

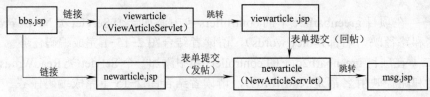

图 2-16-1　论坛模块页面逻辑

1）bbs.jsp 是论坛首页，可以分类、分页查看帖子基本信息列表。单击帖子的标题，将会链接到一个 Servlet 类 viewarticle。viewarticle 将会修改帖子的点击率，并跳转到

viewarticle.jsp 页面。

2）viewarticle.jsp 是帖子浏览页面，可以看到主帖内容及其全部回复，也可以在该页面直接回复帖子，回复的请求由一个 Servlet 类 newarticle 来处理。

3）newarticle.jsp 是发新帖页面，发帖的请求由 newarticle 来处理。

综上所述，本次任务要完成的文件见表 2-16-1。

表 2-16-1　任务清单

序　号	文　件　名	功　　能
1	ViewArticleServlet.java	实现修改帖子的 Servlet
2	NewArticleServlet.java	实现发新贴的 Servlet
3	bbs.jsp	论坛首页
4	viewarticle.jsp	帖子浏览页面
5	newarticle.jsp	发新帖页面

 **任务实施**

步骤一　在项目 greenbarb2c 下的 controllers 包中添加一个 Servlet 类 ViewArticleServlet.java（别名和路径映射名都是 viewarticle），请读者结合图 2-16-1 完成编码任务。

步骤二　在项目 greenbarb2c 下的 controllers 包中添加一个 Servlet 类 NewArticleServlet.java（别名和路径映射名都是 newarticle），请读者结合图 2-16-1 完成编码任务。

步骤三　在项目 greenbarb2c 根目录下添加 bbs.jsp，请读者结合图 2-16-1 完成编码任务。

步骤四　在项目 greenbarb2c 根目录下添加 viewarticle.jsp，请读者结合图 2-16-1 完成编码任务。

步骤五　在项目 greenbarb2c 根目录下添加 newarticle.jsp，请读者结合图 2-16-1 完成编码任务。

步骤六　完成如上步骤，运行网站项目，测试论坛模块的页面效果：分类看帖子、观察帖子点击率和回复率的变化、回复旧贴、发新帖。

 自我评价

评分项目	评分标准	分值	得分
知识要求	知道项目二论坛模块的页面功能	20	
操作要求	完成两个 Servlet 的设计	20	
	完成论坛模块网页的设计	20	
	完成论坛模块的页面功能测试	40	
合　　计		100	

任务十七 实现游记模块的页面效果

学习目标

➢ 了解项目二中游记模块要实现的页面效果。
➢ 根据游记模块的页面效果完成网页的设计。
➢ 根据游记模块的页面效果完成 Servlet 的设计。
➢ 根据游记模块的页面效果完成<mytags:travelbytype/>的设计。

任务描述

本次任务要实现的是游记的页面效果：游记搜索、游记查看、发游记。

任务分析与相关知识

结合项目二任务九对游记模块的功能分析，可以分析出与游记相关的页面逻辑如图 2-17-1 所示。

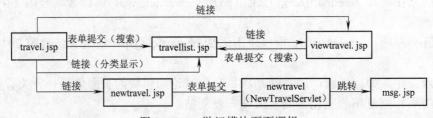

图 2-17-1　游记模块页面逻辑

1）travel.jsp 是游记首页，该页面将使用一个自定义标签<mytags:travelbytype/>，分类显示固定条数的最新游记，该页面可以通过提交游记搜索表单，或是单击"更多"超链接，跳转到页面 travellist.jsp。

2）travellist.jsp 是游记搜索结果页面，用来分页浏览游记搜索的结果，单击游记的标题，可以进入 viewtravel.jsp 页面。

3）viewtravel.jsp 是单篇游记浏览页面。

4）newtravel.jsp 是发布新游记的页面，该页面的游记发布表单由 Servlet 类 newtravel 处理。

综上所述，本次任务要完成的文件如表 2-17-1 所示。

表 2-17-1　任务清单

序　号	文　件　名	功　　能
1	TravelByTypeTag.java	用来分类显示固定条数的最新游记的标签类
2	NewTravelServlet.java	实现游记发表的 Servlet
3	travel.jsp	游记首页
4	travellist.jsp	游记搜索结果页面
5	viewtravel.jsp	单篇游记浏览页面
6	newtravel.jsp	发布新游记的页面

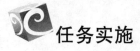 任务实施

步骤一　在项目 greenbarb2c 下的 controllers 包中添加一个 Servlet 类 NewTravelServlet. java（别名和路径映射名都是 newtravel），请读者结合图 2-17-1 完成编码任务。

步骤二　在项目 greenbarb2c 下的 tags 包下添加一个类 TravelByTypeTag.java，该类是自定义标签<mytags:travelbytype/>的标签解析类，主要实现图 2-1-16（项目二任务一）中分类显示游记区域的功能。请读者结合游记页面的数据显示需求完成编码任务。

步骤三　在项目 greenbarb2c 根目录下的 WEB-INF 文件夹下的 mytags.tld 文件中添加一个 tag 标签，用于将自定义标签与标签解析类对应起来（注意添加的位置要与其他的 tag 标签平行）。请读者模仿项目一任务十的相关内容完成编码任务。

步骤四　在项目 greenbarb2c 根目录下添加 travel.jsp，请读者结合图 2-17-1 完成编码任务。

步骤五　在项目 greenbarb2c 根目录下添加 travellist.jsp，请读者结合图 2-17-1 完成编码任务。

步骤六　在项目 greenbarb2c 根目录下添加 viewtravel.jsp，请读者结合图 2-17-1 完成编码任务。

步骤七　在项目 greenbarb2c 根目录下添加 newtravel.jsp，请读者结合图 2-17-1 完成编码任务。

步骤八　完成如上步骤，运行网站项目，测试游记模块的页面效果：分类查看游记、搜索游记、查看单篇游记、给游记作者留言、发表新游记。

 自我评价

评分项目	评分标准	分值	得分
知识要求	知道项目二游记模块的页面功能	20	
操作要求	完成一个 Servlet 的设计	10	
	完成游记模块网页的设计	20	
	完成游记自定义标签<mytags:travelbytype/>设计	20	
	完成游记模块的页面功能测试	30	
合　　计		100	